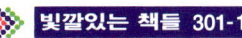
빛깔있는 책들 301-19

속리산

글/박원식 ● 사진/김상훈

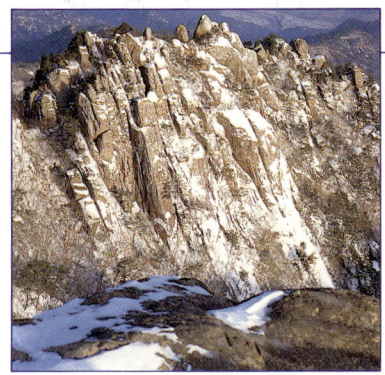

대원사

박원식 ————
광주에서 태어나 중앙대 예술대학 문예창작학과와 동대학원을 졸업했다. 1990년부터 소설을 쓰기 시작했으며 현재는 여러 잡지에 글을 기고하고 있다.

김상훈 ————
서울에서 태어나 중앙대 사진학과와 신문방송대학원(출판잡지 전공)을 졸업했다. 혜전전문대 강사를 역임했다. 현재 국내외 유명 산 사진을 촬영하여 출판사 및 잡지사에 기고하며 프리랜서로 활동중이고 스튜디오 마운틴 비전의 대표이다. 저서로는 『산악사진의 이론과 실제』와 『한국의 산(상, 하)』 등이 있다.

빛깔있는 책들 301-19

속리산

속리산

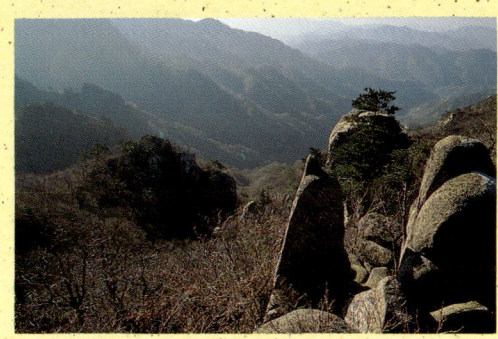

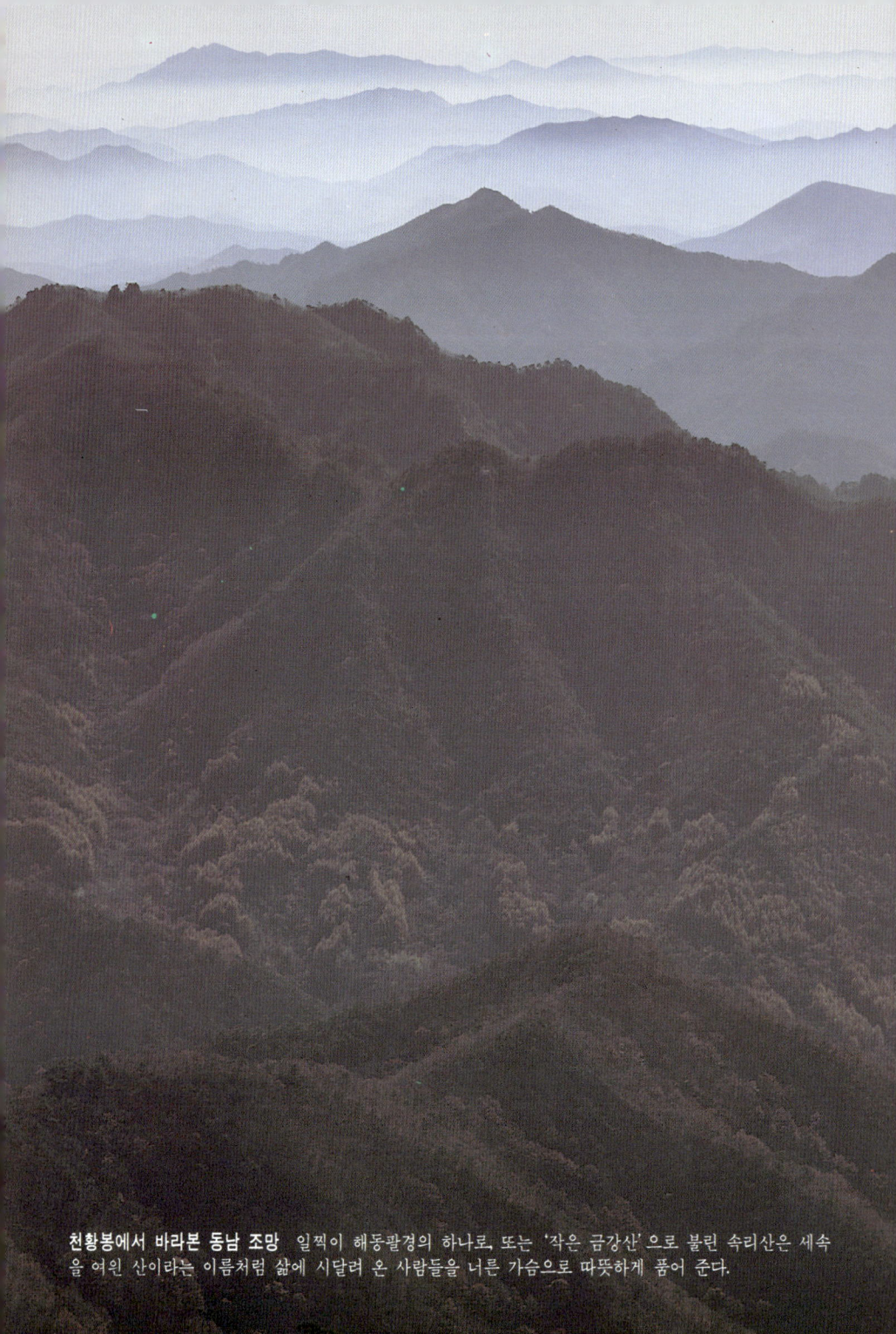

천황봉에서 바라본 동남 조망 일찍이 해동팔경의 하나로, 또는 '작은 금강산'으로 불린 속리산은 세속을 여읜 산이라는 이름처럼 삶에 시달려 온 사람들을 너른 가슴으로 따뜻하게 품어 준다.

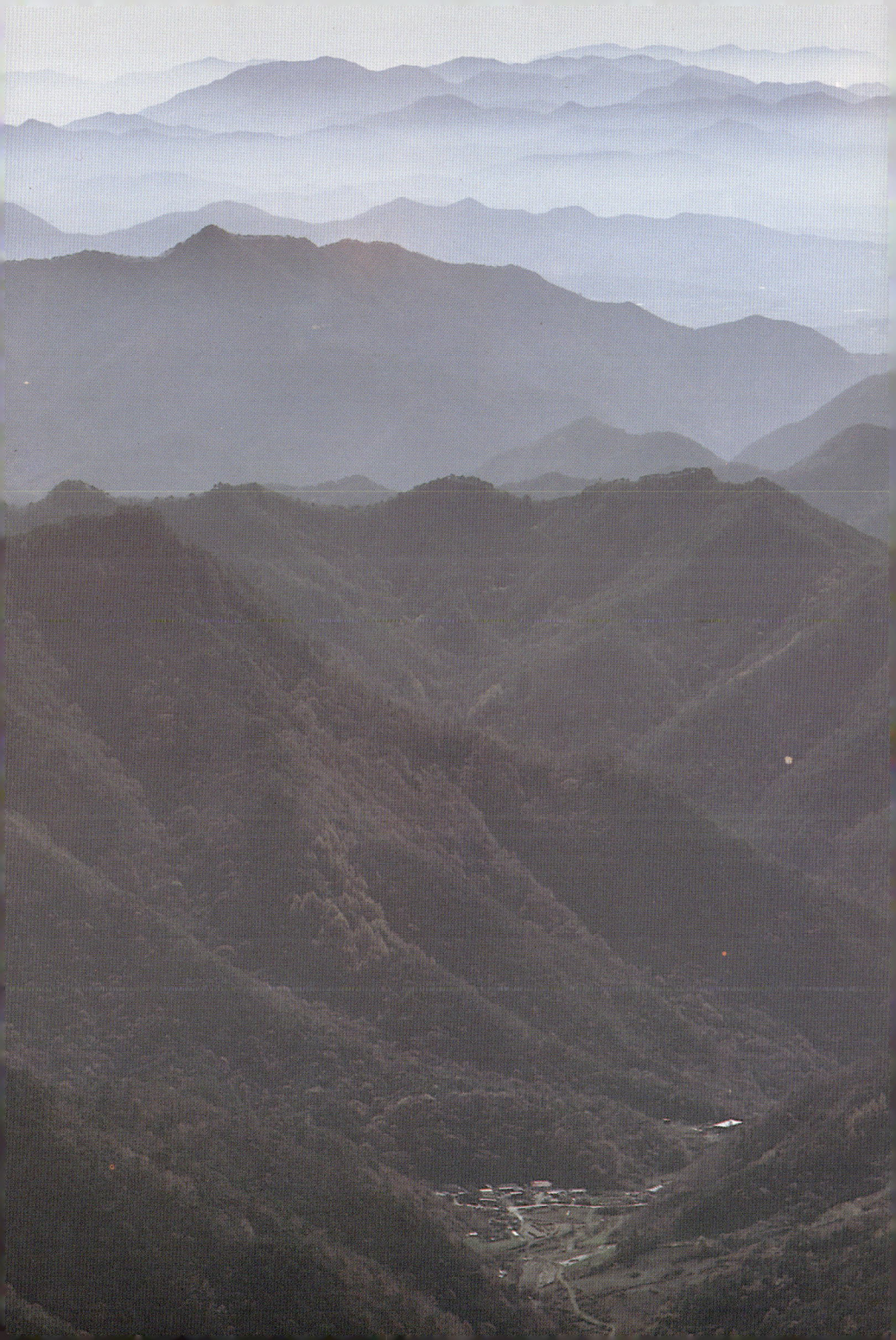

개관

세속으로 나온 산

일찍이 해동팔경의 하나로 또는 '작은 금강산'으로 불린 속리산 (俗離山)은 저 헌걸찬 태백산맥으로부터 딴 살림을 차려 나온 소백 산맥의 출중한 자식이다. 1,057미터의 키꼴을 가진 이 산의 탐사는 그 이름패를 음미하는 데서부터 시작할 수 있다. 세속(俗)을 여읜 (離) 멧부리, 이것이 속리산이다. 향기로운 절집 법주사(法住寺)의 성립에서 유래한 것으로 전해지는 이 산의 명패는 그만큼 불교적이 다. 그래 속리산은 문득 그 자체가 하나의 거대한 사문(寺門), 즉 속 리사(俗離寺)의 인상쯤으로 다가오기도 한다.

안개비가 자욱한 우기(雨期)의 속리산은 실로 세상 바깥의 경개 에 휩싸인다. 눈발이 고요히 흩날리는 겨울철의 그 어둑어둑한 수묵 (水墨)의 세계 역시 속리산의 이름과 어울린다. 고대의 위대한 방랑 자 최치원(崔致遠, 857~?)이 행리를 갖추고 타박타박 속리산에 도 착한 것은 어느 계절이었을까. 그 신라의 순례자는 속리산에 이르러

"도는 사람을 멀리하지 않으나 사람이 이를 멀리하고(道不遠人 人道遠), 산은 세속을 떠나지 않는데 세속이 산을 떠나네(山不離俗 俗離山)"라고 심장하게 읊었다. 오늘날 '속리'라는 이름은 차라리 기이한 은유이다. 사람들은 속리산으로 몰려든다. 휴일과 휴가철은 물론 무시로 인총(人叢)이 넘침으로써 속리산은 별 수 없이 세속의 도가니로 끌려 나오게 되었다. 그것은 이상한 일도 아니다. 우리 시대의 한 흐벅진 풍속인 관광과 여행의 맹렬한 돌개바람으로부터 속리산이라고 자유로울 수는 없는 일이다.

이 나라의 명산이 모두 그렇듯 속리산 역시 아름답기 그지없어 산의 가인(佳人)이라 할 만하다. 이 산의 형상은 흔히 치마를 맵시 있게 잘 차려 입은 여인에 비유된다. 은폭동이라는 폭포동굴은 이 산이 갖춘 은밀한 국부로 표기된다. 그래 사람들은 속리의 산자락에 즐겁게 휘감긴다. 뿐만 아니라 속리산은 사람들로 하여금 얼마든지 기어오를 것을 허용하는 부드러운 산세를 지녔다. 속리산에서 길을 잃고 헤맨다면 그건 좀 우스운 일이다. 굽 달린 구두에 양복을 입은 신사숙녀나 수학여행차 법주사에 나타난 학생들이 운동화를 꿰고 휘파람을 휘휘 불며 가볍게 정상에 오를 수 있는 산이 바로 속리산이다. 이 같은 멧부리의 아름다움과 도량 깊은 부드러움으로 말미암아 속리산은 무척 복닥거리는 장소가 된 셈이다.

사실 속리산은 예로부터 사람들이 버글거리는 장소였다. 오늘날 '오리숲(五里林)'으로 불리는 법주사 늘머리의 숲실은 지난날 꽤나 분망한 주막거리였다. 한때 무려 3천여 명의 수도자들이 운집했다는 법주사의 거룩한 불법(佛法)을 구하려는 무리로부터 유람객, 중앙과 지방의 크고 작은 벼슬아치들, 먹소용을 허리춤에 늘어뜨린 시인 묵객은 물론 진상품을 나르는 관속들, 약초꾼, 사냥꾼, 한량, 왈패에 이

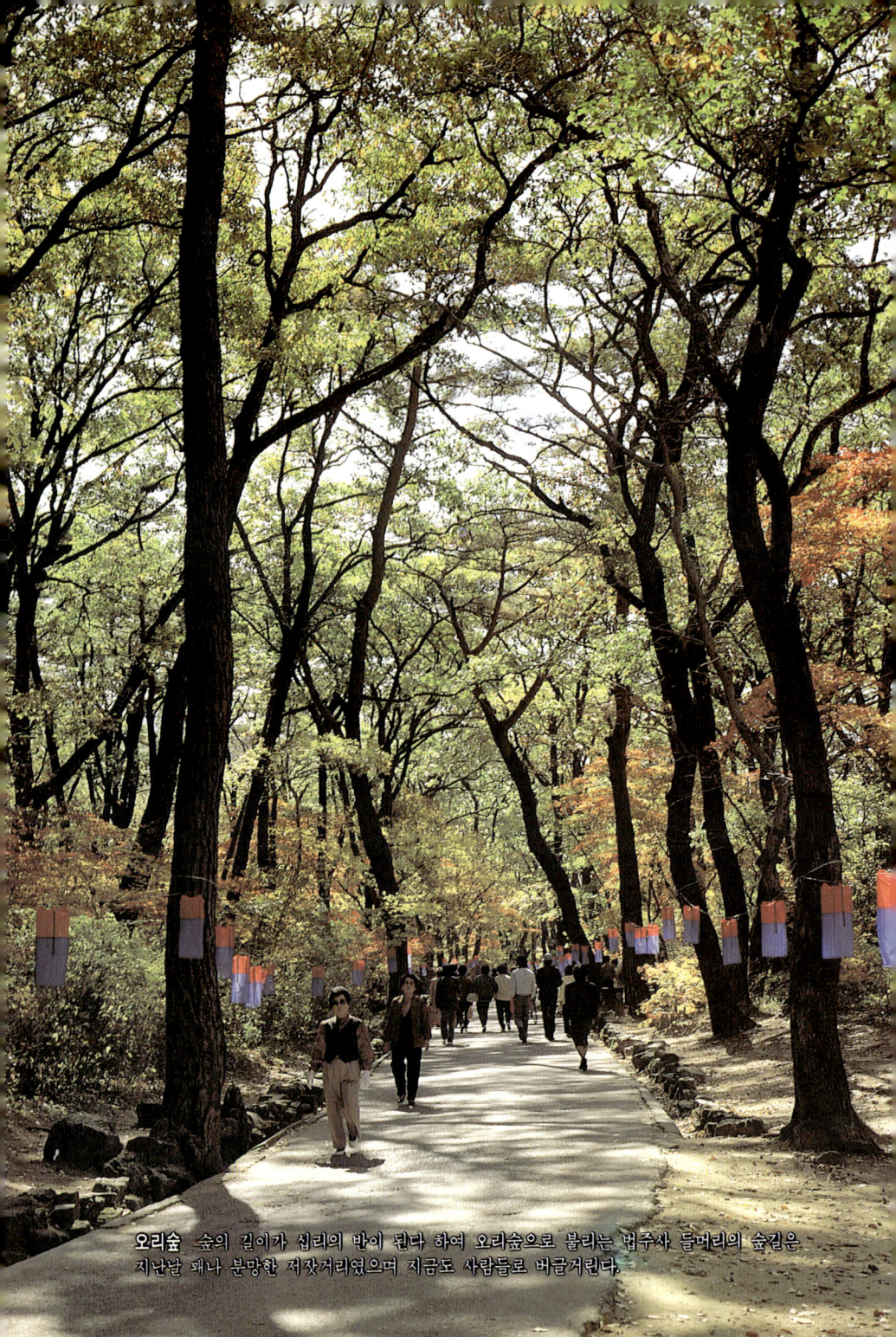

오리숲 숲의 길이가 십리의 반이 된다 하여 오리숲으로 불리는 법주사 들머리의 숲길은 지난날 패나 분망한 저잣거리였으며 지금도 사람들로 버글거린다.

르기까지 수많은 군상들이 속리산의 경개를 즐겼다. 이 산에 배열한 기암괴석과 써늘히 우거진 소나무숲, 계곡을 구르는 눈부신 청류들이 이룬 빼어난 승경은 아득한 옛 시절에 이미 세상에 두루 탄로나 버린 것이다.

절묘한 풍치로 누리에 그 이름을 새긴 속리산은 한편 은거와 둔세(遁世)의 장소였다. 수상한 세월에 절망한 조선의 지식인들은 죽롱과 서책을 가득 실은 소 한 필을 앞세워 이 산에 들어와 세속과 인연을 끊었으며, 삶의 유토피아를 찾는 이상주의자들은 이 산의 선경에서 생의 복락을 추구했다. 조선의 유학자들은 독특한 산수관(山水觀)을 가졌다. 도학(道學) 사상의 영향으로 당시의 양반들은 현실 정치에 대한 참여와 함께 은퇴 뒤 산수에 묻혀 자연에 합일하는 삶의 경지를 모두 소중하게 여겼다. 산수에 묻힌 도학자의 삶은 그것대로 개결(介潔)한 선비 의식의 발현이었다. 속리산은 그런 도학자의 행적이 드물지 않게 남아 있는 곳이다.

명종 때의 학자 대곡(大谷) 성운(成運, 1497~1579년)은 을사사화 때 벼슬을 내동댕이치고 속리산 자락에 파묻혔다. 속리골 북실이라는 곳에 칩거한 성운은 정치판의 탁류를 소 닭 보듯 하며 오로지 시와 거문고를 벗삼았다. 그러자 당대의 석학들인 남명 조식(曺植), 화담 서경덕(徐敬德), 토정 이지함(李之菡) 등이 성운을 찾아 속리산을 제집처럼 드나들었다. 속리산을 찾아드는 도학자들의 분연한 낙향과 은둔의 행장은 거듭되었다. 그러는 사이 속리산권 특유의 유풍(儒風)이 무르익고 꼿꼿한 기개가 하나의 민풍(民風)으로 흐르게 되었다. 오늘날 속리산을 삶의 정서적 모태로 생각하는 보은(報恩) 등지의 속리산 사람들이 자신들의 초상을 '의로운 종족' 쯤으로 묘사하는 배경에는 바로 그런 사실들이 놓여 있다.

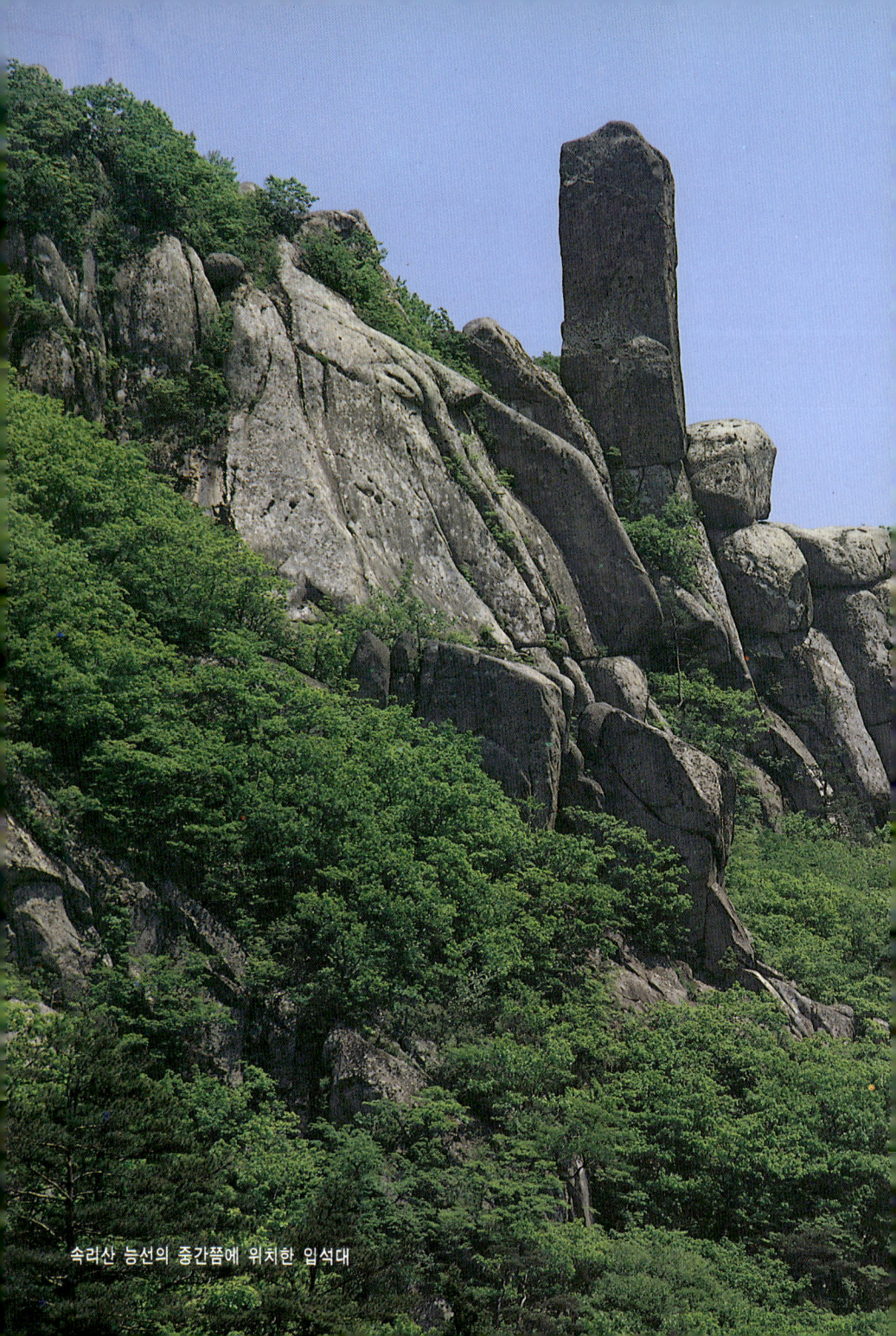

속리산 능선의 중간쯤에 위치한 입석대

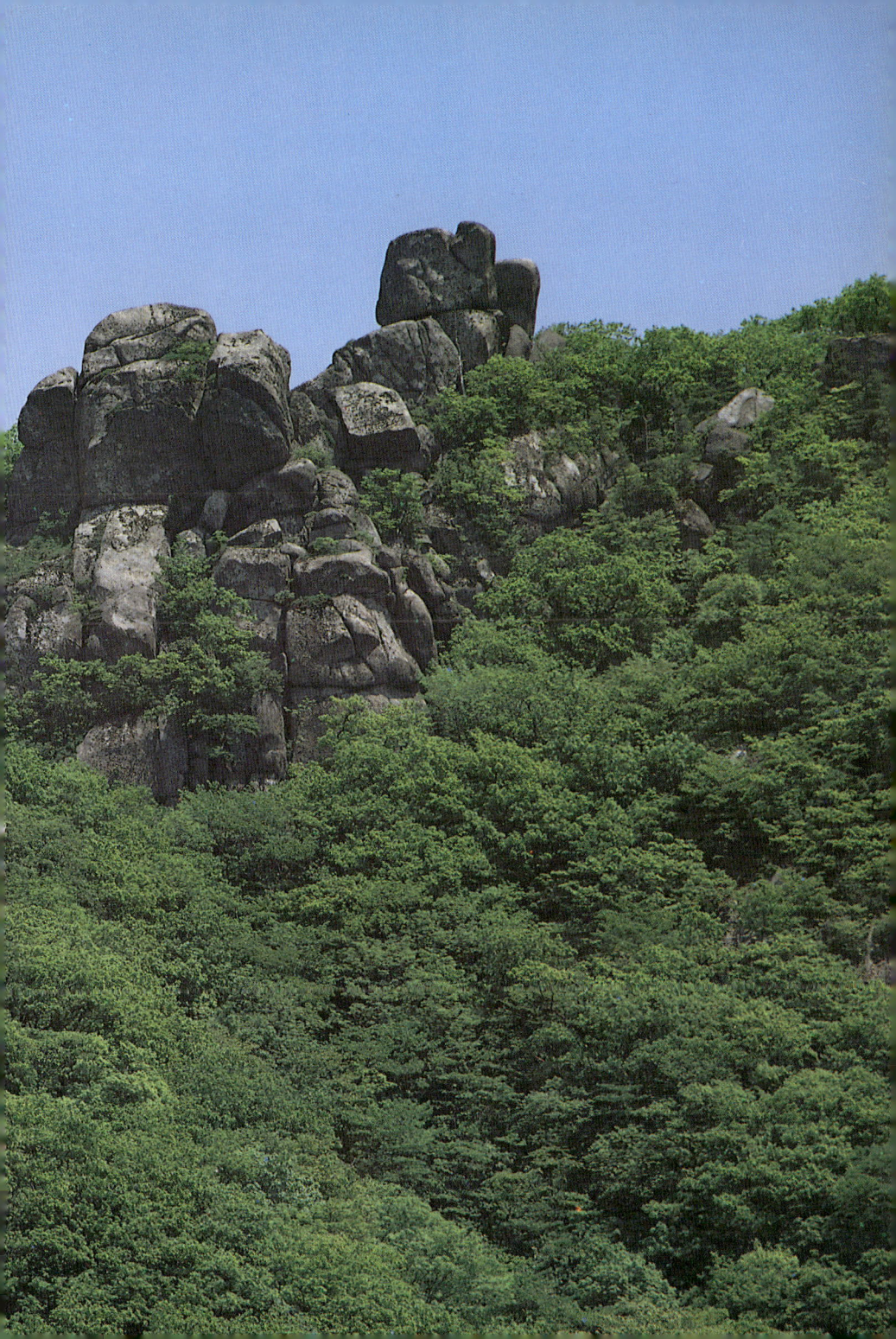

속리산은 참으로 사화(史話)와 설화가 무성한 곳이다. 또한 이 산은 신화가 만발한 창고이다. 조선 초의 난폭한 군주 세조(世祖)가 몹쓸 병을 고치기 위해 구불텅구불텅 가파르게 휘어진 말티고개를 넘어 속리산으로 들어갔다. 그 전에는 조선의 창업자 이성계(李成桂)가 속리산에 엎드려 백일기도를 올렸으며 후세 사람인 순조(純祖)의 탯줄이 이 산에 묻혔다. 인조(仁祖) 때의 명장 임경업은 속리산에 7년을 머물며 독보 대사를 스승으로 삼아 무술을 연마했다고 전한다. 그 밖에도 속리산 자락에 깃든 인걸들의 숨결은 수두룩하다. 그것은 때로는 역사의 기록으로 혹은 전설의 형태로 오늘날까지 유장하게 이어진다.

속리산은 이렇게 역사와 신화의 흥미로운 곳간이다. 속리산에 역사적 사실들이 흐르는 데에는 이 산이 조선의 수도인 한양과 비교적 가까운 거리에 놓였다는 지정학적 배경이 깔려 있다. 찾아가 머물기가 그만큼 수월했던 것이다.

사람을 살리는 산

한편 속리산은 영검한 산신이 머무는 곳으로 섬겨졌다. 『동국여지승람(東國輿地勝覽)』은 일찍이 속리산 천황봉(天皇峰)에 천황사라는 사당을 두어 산신제를 거행했던 사실을 기록하고 있다. 그 산신제는 오늘날까지 줄기차게 계속되고 있다.

사람들은 이 산에서 삶의 오묘한 비의를 얻어 갔다. 지쳐 빠진 영혼과 절망한 패배자, 병든 자와 애 못 낳는 여자 등 수많은 사람들이 이 산에 올라 치성을 드리고 위안과 희망을 얻었다. 산신은 이 산의 모든 물상에 임재한다고 여겨졌다. 그래서 어떤 이는 바위를 섬겼고 또 어떤 이는 호랑이를 섬겼으며 심지어는 치솟은 산자락 끝에 걸린 푸른 하늘을 받드는 이도 있었다. 속리산 자락을 오르는 치성과 기복의 발길은 오늘도 끊이지 않고 계속된다. 1960년대에 도인(道人)을 자처하는 사람 넷이 속리산 암봉에 올라 축지법을 실현해 보이려다가 눈깜짝할 사이에 떨어져 죽은 웃지 못할 사건도 있었다지만, 선도(仙道)에 심취한 군상들은 지금껏 줄기차게 속리산 일대를 순례한다. 하지만 속리산의 신령스러움에 영혼을 의탁한 자들은 주로 고통받고 소외된 사람들이다. 그들의 산신 숭배는 그런만큼 열렬하다.

사람들이 이 산에서 꿈꾼 것은 무슨 신비 체험이라기보다 고통스런 영혼의 정화와 위안이 아니었을까. 그들은 그야말로 속리산의 상서로운 기운에 사로잡힌 영혼들일 것이다. 그것이 속리산에 임하는 사람들이 취하는 한 가지 방식이었다. 참으로 속리산은 상서로운 멧부리이다. 그래 이 산에 올라 산바람을 쏘이면 그것은 곧 충만한 서기(瑞氣)를 호흡하는 셈이다.

속리산은 그 자락에 팔자를 묻은 사람들이 살아 온 삶의 튼실한 그루터기이다. 사람들은 이 산에 떨어진 빗방울이 모이고 모여 계류를 이루고 소쿠라지게 흘러내려 마침내 하나의 장강(長江)이 된다는 사실에 새삼 뜨거운 감명을 받는다. 속리산의 샅에서 태어난 물줄기는 금강이 되고 한강이 되고 낙동강이 된다. 속리산에서 발원한 물줄기가 대지를 가로지를 때 그것은 곧 꿀이며 젖줄기가 되어 사람의 목을 적시고 땅을 살찌운다. 속리산은 그 품에 안긴 사람들의 살림을 쓰다듬고 북돋우는 은총의 산이자 생명의 산이다.

속리산은 수난의 장소이기도 하다. 가해자는 언제나 사람이었다.

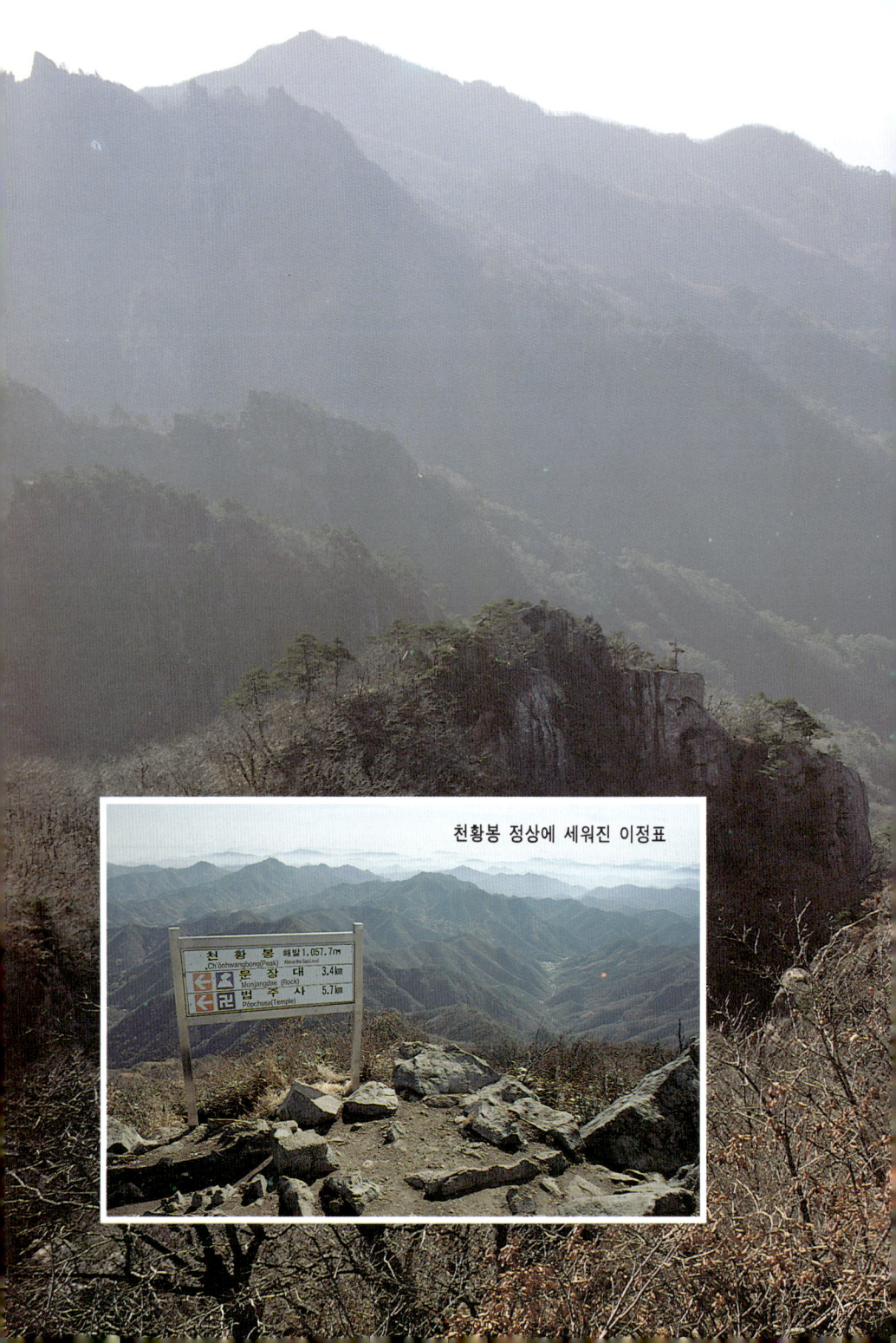

천황봉 정상에 세워진 이정표

문수대에서 바라본 천황봉의 모습 오른쪽 계곡의 끝이 법주사가 된다.

전쟁, 역사 속의 많은 전쟁들은 번번이 이 산을 할퀴고 지나갔다. 난리가 터지면 사람만 전장에 나가는 게 아니고 산도 불려 나간다. 멀리 거슬러 오르면 삼국시대 때의 속리산은 영토 쟁탈을 벌인 신라와 백제의 접경지대로 기치창검이 삼엄히 배치된 장소였다. 가깝게는 지난 6·25 전쟁 때 총성이 이 산을 맹폭하게 뒤흔들기도 했다. 전쟁이 터질 때마다 많은 절집들은 잿더미로 변했다.

결국 속리산은 인간들의 삶꼴과 늘 그 운명을 함께 해 왔다. 인간의 수난과 고통은 곧장 속리산의 수난과 고통이 되었다. 그렇다면 세속을 떠났다는 의미의 '속리(俗離)'는 역설이거나 반어(反語)이다. 세속의 티끌 그리고 인간의 재앙은 결코 속리산과 결별하지 않았다. 그렇기에 이 산은 실로 사람의 산이며 사람을 살리는 산이다. 이 산에 당도한 사람의 고통과 신음은 마침내 구원과 치유의 부호로 바뀌는 게 아닌가. 위안을 구하는 자는 위안을, 꿈과 자유를 원하는 자는 꿈과 자유를 이 산으로부터 얻어갈 수 있었던 것이다. 속리산은 이처럼 무한한 관용과 생명력으로 사람의 삶에 개입하고 그것을 길들여 왔다.

속리산을 흔히 법주사의 동의어쯤으로 떠올리는 사람들이 많다. 그래 정든 벗이 '속리산에 가세' 하면 그건 곧 '법주사 구경가세'로 해석하게 마련이다. 시인 고은(高銀)은 '법주사는 여름철 장마비를 맞으며 찾아가야 제 맛이 난다'고 했지만 법주사로 이어지는 발길은 사시사철 줄달아 있다. 절(拜)을 하기 위해 절(寺)을 찾는 사람들, 국보 3점을 비롯한 많은 소중한 볼거리들을 겨냥한 문화유산 답사의 무리들, 관광버스에 실려오는 사이 거나해진 친목계원들의 왁자한 행렬…… 방문자들의 행색과 행장도 제각각이다. 그러나 절집에 드는 순간 사람들의 의식은 오랜 사문이 내뿜는 어떤 향기로운 분위기에 하나같이 붙들린다. 멀리 부챗살을 펼친 듯 병풍을 둘러친 듯 속리의 칠칠한 수묵빛 연봉들을 무대 장치 삼아 법주사의 동체가 연꽃처럼 그윽하게 솟아오르는 게 아닌가. 하지만 이 거창한 미륵도량은 유아독존식의 오만함을 개성으로 하지 않으며, 선문(禪門)의 추상 같은 위엄도 지니지 않는다. 성스러운 장소라는 의미 그대로 경건한 지성소(至聖所)이지만 속(俗)을 다사롭게 감싸 안는 포용력 깊은 성(聖)이라 할까. 이는 어떤 큰 도량(度量)이 살아 움직이는 것이다. 그것이 법주사가 향유하는 대승불교의 본당다운 사격(寺格)이며 중생들의 감성을 쓰다듬는 성태(聖態)이다. 그렇기에 사람들은 법주사에 이르면 자못 세상의 티끌과 헤어진 듯한 마음의 평안과 적정을 누린다.

그러나 법주사는 말할 것도 없이 세속을 떠나는 즉 '속리'의 자리이다. 어제 머리털 길던 이가 오늘 삭발한 구도자로 바뀌어 터럭 세상을 허공으로 날려 버리듯 절집이란 본질적으로 그렇게 속세를 등지는 장소가 아니던가. 산층층 물층층한 이 산자락에는 본디 멧부리 숫자보다도 더욱 많은 절집들이 즐비했다. 그 사실을 증명해 줄 것이라곤 이제 잡목 숲으로 변해 버린, 어쩌다 석상(石像) 조각들만이 스산히 뒹구는 옛 절터의 형체들뿐이다. 하지만 불교사학자들은 속리산을 뒤지면 얻을 것이 꽤 많을 것 같다. 발굴되고 연구되기를 기다리는 폐허의 절터들이 곳곳에 널려 있기 때문이다.

사실 속리산은 충청권 최대의 불교 문화 발흥지이다. 그렇다면 '속리'라는 이름패는 지명 유래의 설화가 전하듯 그 자체로 이미 삭발된 단어, 입산(入山)의 은유임이 분명하다. 따라서 법주사의 존재는 속리의 개산과 함께 이 산이 점지 받았을 운명과 업(業)의 찬란한 물적 징표에 다름 아니다.

속리산의 생김새

자연이 빚은 놀라운 바위 예술

속리산을 그림엽서에 비유하는 사람들이 있다. 이름 날린 명산이라지만 그다지 볼 것이 없어 두 번 찾을 건덕지가 없다는 것이다. 일부 전문적 산꾼들의 속리산 평론은 더욱 혹독하다. 그들은 이 산을 체조하고 약수 뜨러 오르는 새벽녘의 뒷동산쯤으로 치부한다. 젖먹이를 들쳐업은 아낙네일지라도 그다지 어렵지 않게 산꼭대기에 이를 수 있는 부드러운 생김새를 사뭇 얕잡는 태세이다. 사실 속리산은 쉬운 산이다. 쉽게 다가가 쉽게 내장을 관통해 쉽게 저자의 숲으로 귀환할 수 있기 때문이다.

지리산의 장엄한 덩치와 심원한 협곡을 호랑이로 비유하자면 속리산은 영락없는 고양이 꼴이다. 설악산의 삼엄한 암벽과 화려한 미모로 속리산을 꺾으려 들 수도 있겠다. 그러나 똑같은 버섯이 안목에 따라 표고도 되고 영지도 되듯이 문제는 미감을 도발하는 세련된 눈썰미에 있다. 어떻게 바라보느냐에 따라 산의 정체가 달라지기 때문이다. 한다 하는 명산도 주마간산을 하면 야산으로 떨어지고, 비록 보잘것없는 동네 야산이더라도 눈 밝은 시인이 있어 시구를 새겨 넣으면 그 길로 그것은 그의 명산이 된다. 어떤 눈썰미를 지녔느냐에 따라 감동의 크기는 이처럼 달라진다.

속리산은 머리털이 곤두서는 험산의 위세로 사람들 위에 군림하지 않는다. 이 산은 그저 자애로운 모성으로 사람들을 초대할 뿐이다. 속리산을 정신의 한 모퉁이에 담고 사는 사람들의 얘기에 의하면 이 산은 할미산이다. 화롯불과 옛날이야기가 피어 오르는 할머니의 따사로운 품. 속리산의 정취는 곧잘 그렇게 비유된다. 이 같은 감미롭고 따스한 시정(詩情)은 속리산의 유려한 산세가 배출하는 친화와 포용의 분위기에서 비롯된다. 대체로 바위투성이면서도 따뜻한 기운이 느껴지는 것은 이 산의 바윗덩이들이 사람의 손길로 일부러 빚은 듯한 절묘한 태깔을 짓고 있기 때문이다.

막무가내로 사람을 압도하는 싸늘한 거대 암반의 연속이 아니라, 누군가 정과 망치를 두들겨 마술적 석조 예술품을 만든 듯 공교한 조탁미의 결정판으로서 바위 동체를 늘어뜨린 게 바로 속리산이다. 사람의 미의식을 잡아채는 속리산의 비결은 바로 이 같은 바위 예술의 극명함에 있다. 그래 사람들은 천연 암반의 놀라운 조형성에서 조물주의 숨결을 감지하는가 하면, 속리산에 이르러 비로소 둥지에 앉은 날짐승처럼 영혼의 평화와 위안을 얻는다.

풍수 동네에서는 속리산을 석화성(石火星)으로 분류하는데, 소선의 떠돌이 지리학자 이중환(李重煥) 역시 이 산의 기이한 바위 형세에 썩 매료되었던 것 같다. 그는 『택리지(擇里志)』에서 속리산에 대해 "석세(石勢)가 높고 크며, 여러 겹으로 된 봉우리의 모든 돌끝이 뾰죽뾰죽하게 생겨서 마치 처음 피는 연꽃 같기도 하고 멀리서

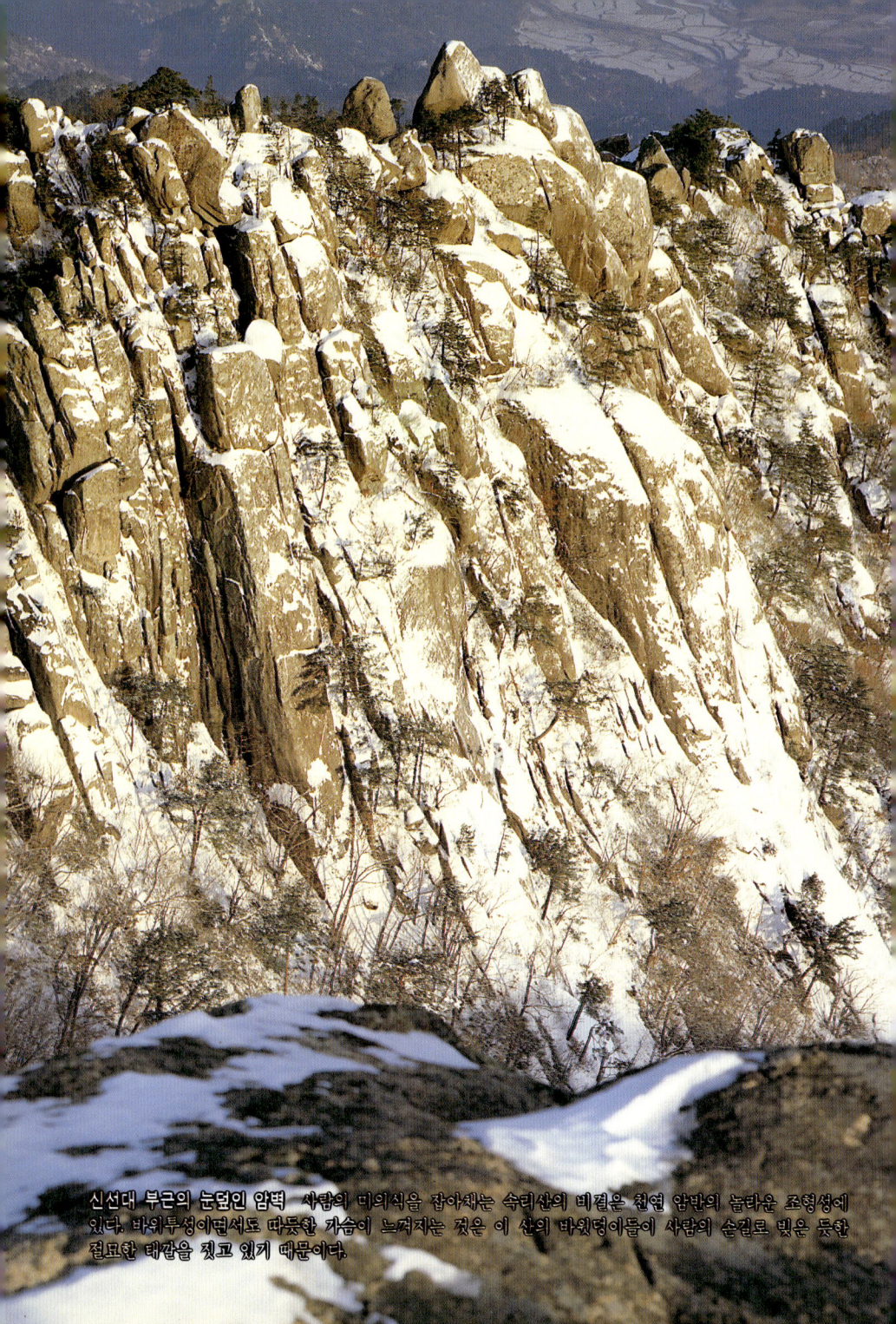

신선대 부근의 눈덮인 암벽   사람의 미의식을 잡아채는 속리산의 비결은 천연 암반의 놀라운 조형성에
있다. 바위투성이면서도 따뜻한 가슴이 느껴지는 것은 이 산의 바윗덩이들이 사람의 손길로 빚은 듯한
절묘한 태깔을 치고 있기 때문이다.

횃불을 벌인 것 같기도 하다"고 했다.

그렇다면 속리산 바윗덩이의 생명 현상은 언제부터 시작되었을까. 연구자들에 의하면 속리산의 암반이 세상에 솟은 것은 중생대 백악기라고 한다. 다시 말해 세상에 나온 이래 수억 년의 세월을 버텼다. 이 바위들은 흑운모 화강암, 알칼리 화강암, 규장반암 같은 화강암 일색이다. 속리산의 밑뿌리 역시 화강암으로 이루어졌다. 그런데 이것이 지구 장력에 의한 바위 쪼개짐 현상, 즉 절리(節理) 구조를 현저히 갖춤으로써 속리산의 물길은 표면보다 땅 밑에서 더욱 풍부하게 모이게 되었다.

결국 속리산 마루와 계곡의 생김새, 지하 세계의 풍경까지 화강암의 융기나 관입 상태와 암질에 따른 차별 침식에 의해 결정된 셈이다. 화강암이라고 하면 우리가 흔히 비석으로 자주 찾는 딴딴한 돌덩이이다. 속리산 꼭대기에 불꽃처럼 치솟은 바윗덩이들이 세월의 거센 풍화에도 아랑곳없이 바스러지거나 떨어져 나가지 않고 완강한 구형이나 곡면을 보이는 것은 그만큼 풍화 침식에 강한 까닭이다. 화강암 자체의 광물 입자가 세립이면서도 치밀한 조직을 가졌기 때문이다.

속리산에서 이름난 바위 멧부리는 손으로 꼽자면 여덟 개이다. 문장대(文藏臺), 입석대(立石臺), 경업대(慶業臺), 배석대(拜石臺), 학소대(鶴巢臺), 신선대(神仙臺), 봉황대(鳳凰臺), 산호대(珊瑚臺)가 그것이나. 옛사람들의 풍류 정신은 한결 ㅗ 올이 심세했던 것 같다. 그들은 산꼭대기에 우뚝 솟아 하늘 자락 끌어당기는 가장 높은 바윗부리에만 이름패를 새겨 붙이지는 않았다. 산기슭 여기저기에 기묘하게 생성되어 속리산 문지기 노릇을 하는 바위들에게도 이름을 지어 붙임으로써 바위의 존재에 생동감을 불어 넣었다. 이 바위 대문

(石門) 역시 여덟 곳으로 바로 내석문(內石門), 외석문(外石門), 상고내석문(上庫內石門), 상고외석문(上庫外石門), 비로석문(毘盧石門), 금강석문(金剛石門), 상환석문(上歡石門), 추래석문(墜來石門)이 그 것이다.

그런데 재미있는 사실은 '여덟'이라는 숫자이다. 우연찮게도 대(臺)와 석문에 이어 으뜸 봉우리 또한 여덟 개가 발탁되어 입길에서 입길로 전해졌다. 최고봉인 천황봉(天皇峰)을 비롯해 비로봉(毘盧峰), 길상봉(吉祥峰), 문수봉(文殊峰), 보현봉(菩賢峰), 관음봉(觀音峰), 묘봉(妙峰), 수정봉(水晶峰)을 말한다. 옛책이나 구전으로 전해지는 산의 이름 자체가 역시 여덟 개에 이른다. 광명산(光明山), 지명산(智明山), 구봉산(九峰山), 이지산(離持山), 형제산(兄弟山), 소금강산(小金剛山), 자하산(紫霞山)에 속리산을 합해 그렇다. 지금은 수정교, 환선교, 태평교가 남았을 뿐이지만 사람들이 계곡에 세운 다리 역시 팔교(八橋)라 해서 속리산의 팔자에 실린 팔자(八字) 현상을 거들었다.

봉황을 닮은 산

속리산의 모태인 소백산맥은 태백산맥에서 갈려 나온 순간부터 우리 국토의 북북동에서 남남서로 장중한 항진을 계속한다. 그러다가 속리산에 이르러 남동쪽으로 구조선의 방향타를 조절하고 이윽고 정남향을 치달아 저 아랫녘의 여수반도까지 맥박을 진동시킨다. 이를 따라가면 속리산의 주능선은 어느 정도 뱀의 동태를 닮은 곡선을 그려 보인다. 이 같은 거대한 파동의 둘레에 인간의 마을이 묻혀 있다. 충북 보은군 내속리면(內俗離面)과 경북 상주시 화북면(化北面)이다. 결국 속리산의 능선이 충북과 경북의 울타리로 쓰인다. 산마루의 흐름은 보은 쪽이 완만하다. 많은 유물 유적을 지녀 문화적·종교적 광채를 내뿜는 법주사가 주민등록을 박은 곳 역시 보은 땅이다. 법주사 들머리 사내골(舍乃里)을 옛날 이름대로 지금도 '청주나들'이라고 부르는 데서 알 수 있듯 60킬로미터쯤 떨어진 청주권에 사는 사람들이 사용하는 속리산 출입구는 대체로 보은 쪽이다. 비슷한 거리인 대전에서 속리산 가는 길목도 마찬가지이며, 23킬로미터 떨어져 있는 서울 사람들 또한 주로 보은행(行)을 통해 속리산과 만난다. 그래 속리산은 흔히 '보은 속리산'으로 불린다. 관리사무소도, 와글거리는 법주사 사하촌 관광단지도, 연신 드러나는 버스 편도 온통 보은 영토에 집중되어 속리산의 소유권이 통째 보은에 딸린 것 같은 착각을 자아낸다.

그러나 상주 사람들은 '상주 속리산'으로 표기한다. 상대적으로 급한 산마루에 사람들을 끌어당길 유물 유적이 적은 데다가 개발의 세례를 전혀 받지 못한 덕분에 적막한 공기가 흐르지만 속리산의 참다운 주권은 오히려 상주에 있다는 것이 그들의 주장이다. 속리산의 최고봉인 천황봉뿐만 아니라 최대의 명소인 문장대가 바로 상주시의 영토로 등기되어 있기 때문이다.

동경 127도 50분, 북위 36도 32분의 지리좌표, 연평균 기온 12도, 연간 강우량 1,286밀리미터, 연간 쾌청일수 221일 따위의 신상명세서를 가지고 남한의 한복판에 가부좌를 틀고 앉아 뭇 산들의 배알(拜謁)을 받는 속리산의 동체는 결코 장대한 편은 아니다. 한다 하는 산꾼들에게 얕잡아보는 듯한 감상문을 쓰게끔 빌미를 주는 범상한 능선, 빈약한 계곡의 신체 구조는 바로 속리산의 단출한 육체에서 비롯한다. 1970년 국립공원으로 지정되고 나서 거듭된 확장으로 오늘날 속리산 국립공원의 규모는 엄청나게 커졌지만 속리산 자체가 분할한 면적은 60평방킬로미터이다. 그 범위는 동북쪽으론 상주시 장암 부락의 눌재, 보은군 산외면(山外面) 대원리(大元里)에 속한 서북쪽의 활목고개, 서남쪽으로는 보은군 외속리면 갈목리의 회엄고개, 그리고 동남향의 절골 끝자락이다. 이와 같은 속리산 영역은 그림으로 그려 보면 영락없는 나는 새의 형상이다. 새는 새이지만

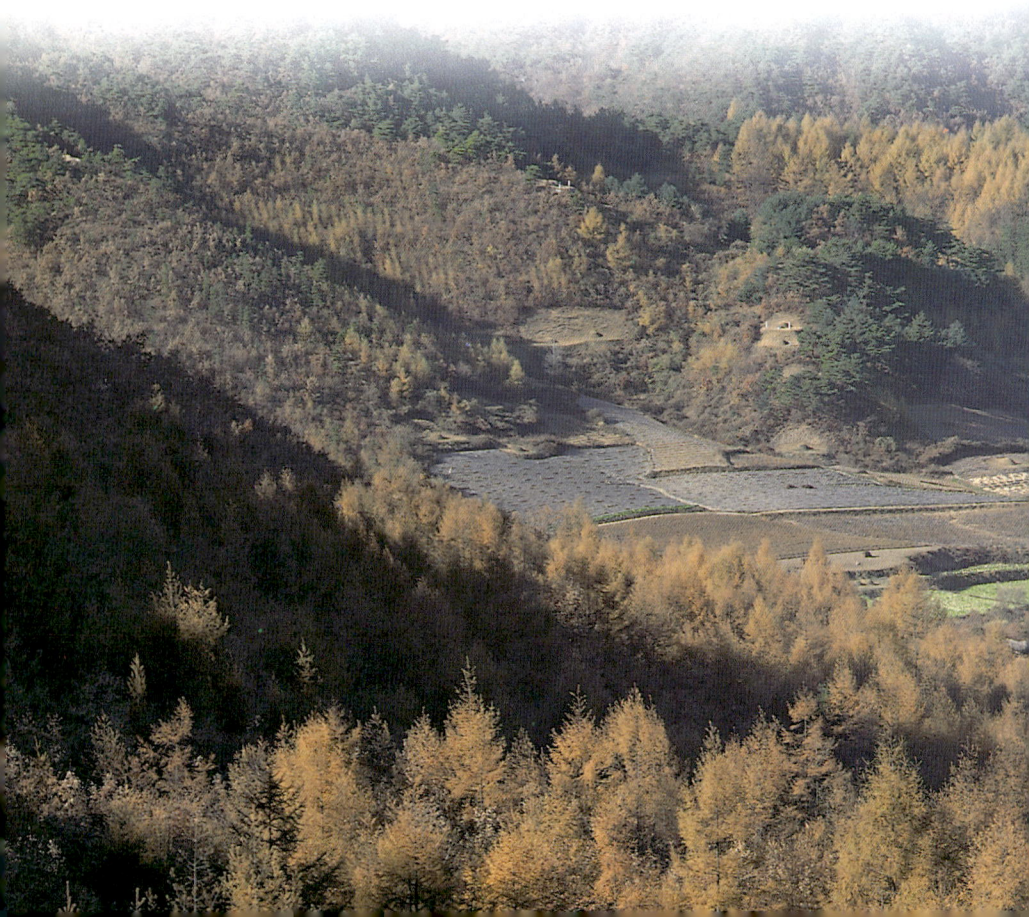

상서로운 봉황의 형용이라는 게 옛사람들의 감상법이었다.

　지난날의 사람들은 속리산 근방에 인간의 길지(吉地)와 명당이 숨어 있다고 믿었던 것 같다. 남사고(南師古)라는 조선의 한 예언자가 속리산 둘레를 십승지의 하나로 꼽은 적도 있지만, 이른바 '우복동(牛服洞) 설화'가 상주시 화북면 화산동(華山洞)에 전해져 유토피아 찾기의 수수께끼가 되었다. 천장지비(天藏地祕)의 무릉도원인 우복동을 찾기 위해 중국의 유명한 지사(地師) 옥룡자(玉龍子)가

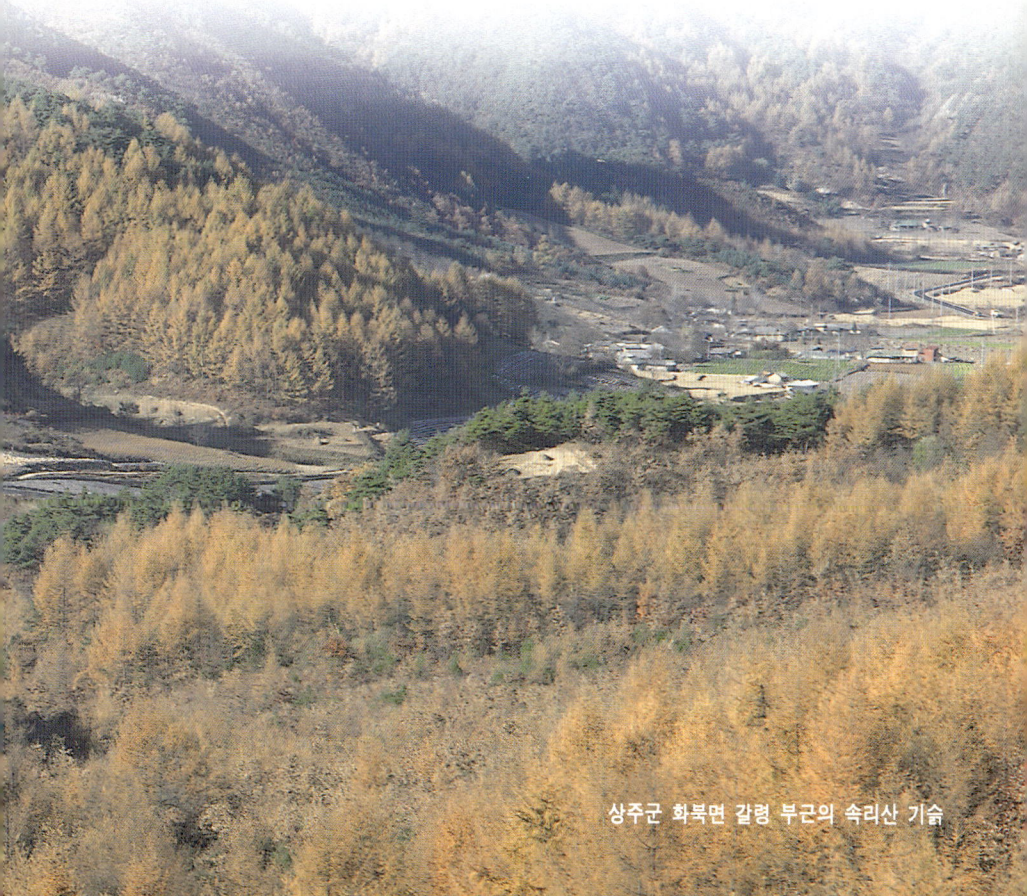

상주군 화북면 갈령 부근의 속리산 기슭

화북 쪽의 속리산 자락을 뒤지고 갔다거나, 조선조 선조 때 사람으로 4대 명필의 하나인 양사언(楊士彦)이 화북에서 우복동을 찾았으나 천기를 누설할 수 없어서 암시적인 단어 한 토막을 바윗돌에 각인하고 떠난 일, 그리고 해방 이후까지도 우복동을 찾는 발길이 이어졌다는 따위의 애기들이 상주시에서 나온 『화동승람(華東勝覽)』이라는 책에 적혀 있다.

한편 풍수들은 속리산이라는 용(龍)을 아주 상서롭게 풀이한다. 눌재의 잠룡(潛龍)이 속리산 동북방에 치솟은 청화산(靑華山, 970미터)에 이르러 날개 달고 승천했다는 것이다. 용유(龍遊)·용화(龍華) 같은 부락 이름들이 속리골에 걸린 바탕엔 일종의 용신 숭배 의식이 들어 있다. 속리산을 찾는 온갖 여행자들 가운데 생애의 통렬한 전환을 꿈꾸는 기도자들이 드물지 않은 것은 이 산의 갈피에 흐르는 이 같은 예사롭지 않은 분위기 때문이다. 그들은 속리산의 어떤 상서로운 공기를 호흡하고 기림으로써 고단한 나날들이 청산되는, 발복(發福)과 소원 성취의 새로운 경지를 얻어 내고 싶은 것이다.

세 개의 큰 강이 흘러 나오는 산

속리산의 가장 분주한 산골짝은 용바위골이다. 법주사에서 문장대에 이르는 첩경이자 속리산의 정중앙부를 이루는 이 골짜기는 바로 등산로 노릇을 하는데 산행자들을 간단없이 실어 나른다. 인간 냄새 때문인지 용바위골 언저리에서는 그 흔한 다람쥐나 별스럽게 목청 뜯는 새들의 모습도 좀체 찾아보기가 힘들다. 용바위골에서 오른쪽으로 직각으로 꺾어지면서 나타나는 계곡은 냉천골이다. 계곡이라 지만 이미 물소리는 잦아들어 물이 적은 속리산의 특징이 나타난다. 문장대에 떨어진 빗방울이 냉천골을 타고 여행을 시작하면 그것은 머잖아 금강으로 나아갈 것이다. 냉천골을 벗어나면 별안간 구름뭉 텅이가 머리 위에 떨어질 듯 하늘이 성큼 다가온다. 거기에 공중누 각처럼 돌출한 바윗덩어리가 바로 문장대이다.

문장대에서 바라보는 세상의 모습은 속리산 제일경(第一景)이라 는 문장대의 유명세에 충분히 값한다. 손바닥 위에 올려놓은 듯 속 리 연봉의 웅자가 한눈에 들어온다. 파도처럼 굼실거리는 소백산맥 의 장엄한 율동이 생생한데 하늘 끝자락을 지붕처럼 낮게 끌어내린 공주 계룡산과 제천 박달재 그리고 문경새재의 아련한 화면이 서서 히 눈길에 잡혀 온다. 천하가 한 주먹에 잡힐 듯한 이 가관스런 전 망 앞에서는 아무리 신경줄이 뻣뻣한 사람일지라도 자연에 대한 도 취와 외경, 또는 시원(始原)의 숨결 같은 것을 감지하고 저절로 찬 탄의 외마디를 터뜨리게 마련이다.

문장대에서 남남서간으로 뻗친 속리 주릉 5킬로미터의 끝에는 천 황봉이 있다. 이 구간은 실로 속리산의 정수이다. 울창한 숲, 사라질 듯 끊길 듯 거듭 휘어지며 이어지는 산길, 선율적인 바람 소리, 퍼 더덕 날개짓하는 새, 꽃과 열매, 그리고 세월의 풍상이 빚은 신기한 바위 예술의 극치가 어우러져 일대 교향악적 풍치를 자아낸다. 문수 대, 신선대, 입석대, 비로봉을 차례로 거쳐 속리의 징싱 천황봉에 오 르면 속리산 탐승의 절정이다. 들쭉날쭉한 바위 뿌다구니들을 뒤덮 을 기세로 총생한 온갖 관목(灌木)들이 사시사철 바람에 귀뺨 맞고 시달리는 천황봉 풍경은 문장대의 확 터진 조망에는 못하지만 속리 산의 늠름한 실체가 어떤 것인지를 대번에 확인시켜 준다. 봉우리와

문장대에서 바라본 아침 일출 천하가 한 주먹에 잡힐 듯한 이 가관스런 전망 앞에서는 아무리 신경줄이 뻣뻣한 사람일지라도 자연에 대한 도취와 외경, 또는 시원(始原)의 숨결 같은 것을 감지하고 저절로 찬탄의 외마디를 터뜨린다.

봉우리가 서로 어깨를 걸고 빙빙 도는 한바탕의 거대한 소용돌이가 펼쳐지기 때문이다.

속리산의 미덕이 커다란 덩치에서 나오는 것은 아니다. 그렇다고 이 산의 몸집이 얕잡을 정도로 경량급은 아니다. 큰 산에는 큰 물이 흐르는 법이라지만, 속리산에 계곡물이 적은 것은 산의 덩치가 적어서라기보다 물길이 지하에서 오히려 잘 생성되게끔 생긴 절리의 암반 구조 탓이다. 그래 계류가 이내 땅 밑으로 스며들고 만다. 그러나 속리산의 수많은 산골짜기들에서는 세 강물로 향하는 빗물들을 모은다. 이를테면 천황봉에 떨어진 빗방울이 동쪽 산록으로 흘러내려 장각골에 이르면 머잖아 낙동강으로 들어가고, 남쪽으로 휩쓸려 대목골 산골짝으로 흐르면 금강이 된다. 한강에 합수하는 노선은 서쪽 사면이다. 이처럼 속리산 일대에서 형성된 물줄기는 흐르고 흘러 세 개의 장강(長江)으로 흩어진다. 이 삼파수(三派水) 현상을 통해 속리산이 비록 수량이 빈약하지만 잘 발달된 계곡을 갖추었음과 그런 계곡을 만든 산의 깊이까지 헤아릴 수 있다.

용바위골을 타고 문장대에 올랐다가 천황봉을 거쳐 다시 법주사로 회귀하는 방법은 하룻길로 속리산을 만끽할 수 있는 가장 일반적인 것이다. 그러나 속리산의 내장은 훨씬 복잡하고 다양하다. 멀리서 속리산을 바라보면 응시하는 각도에 따라 변화 무궁한 모습이 보이듯, 산속에 들어서도 더듬어 오르는 향방에 따라 속리산의 맛깔과 태깔이 달라진다. 도식적인 문상대행(行)의 난조로운 답습만으로는 속리산 체험을 완결할 수 없다. 그것은 속리산 입문의 지름길일 뿐이다. 지름길을 알면서도 오히려 후미지고 움푹한 에움길을 고르거나 더디고 적적한 두름길을 찾음으로써 산의 또 다른 내면과 만날 수 있는 게 바로 속리산이다.

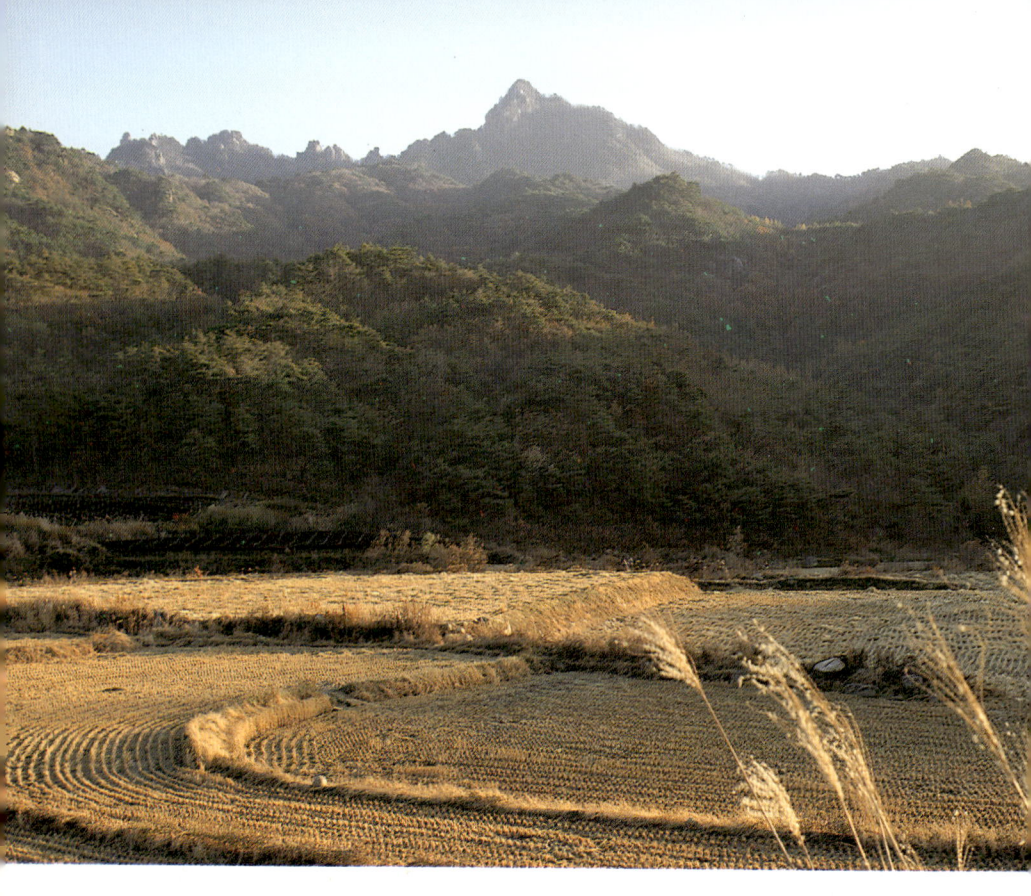

    속리산에서 고요한 골짜기 가운데 하나가 북가치골이다. 법주사
뒷길을 통해 올라 대석문을 지나고 소석문을 스치는 속사치 골짜기
도 속리산의 은밀한 샅이다. 이 산골짝들이 머리에 이고 있는 봉우
리가 묘봉과 관음봉이다. 문장대나 천황봉 쪽이 바위 성채의 장관으
로 속리의 자존심을 표상한다면 속사치 쪽은 깊은 숲과 정밀한 적
막으로 속리산의 오만한 노출을 억누르는 배역을 수행한다.

    속사치의 속리산은 두렵도록 깊고 오싹하도록 산기(山氣)가 충만
하였다. 속사치의 무성한 생명력이 오래도록 영위될 수 있었던 비결
은 사람의 손때를 타지 않았기 때문이다. 옛날에 이 골짜기는 영마

대흥동에서 바라본 관음봉(왼쪽)

관음봉 문장대나 천황봉이 바위 성채의 장관으로 속리의 자존심을 표상한다면 속사치 쪽
은 깊은 숲과 정밀한 적막으로 속리산의 오만한 노출을 억누르는 배역을 수행한다.(아래)

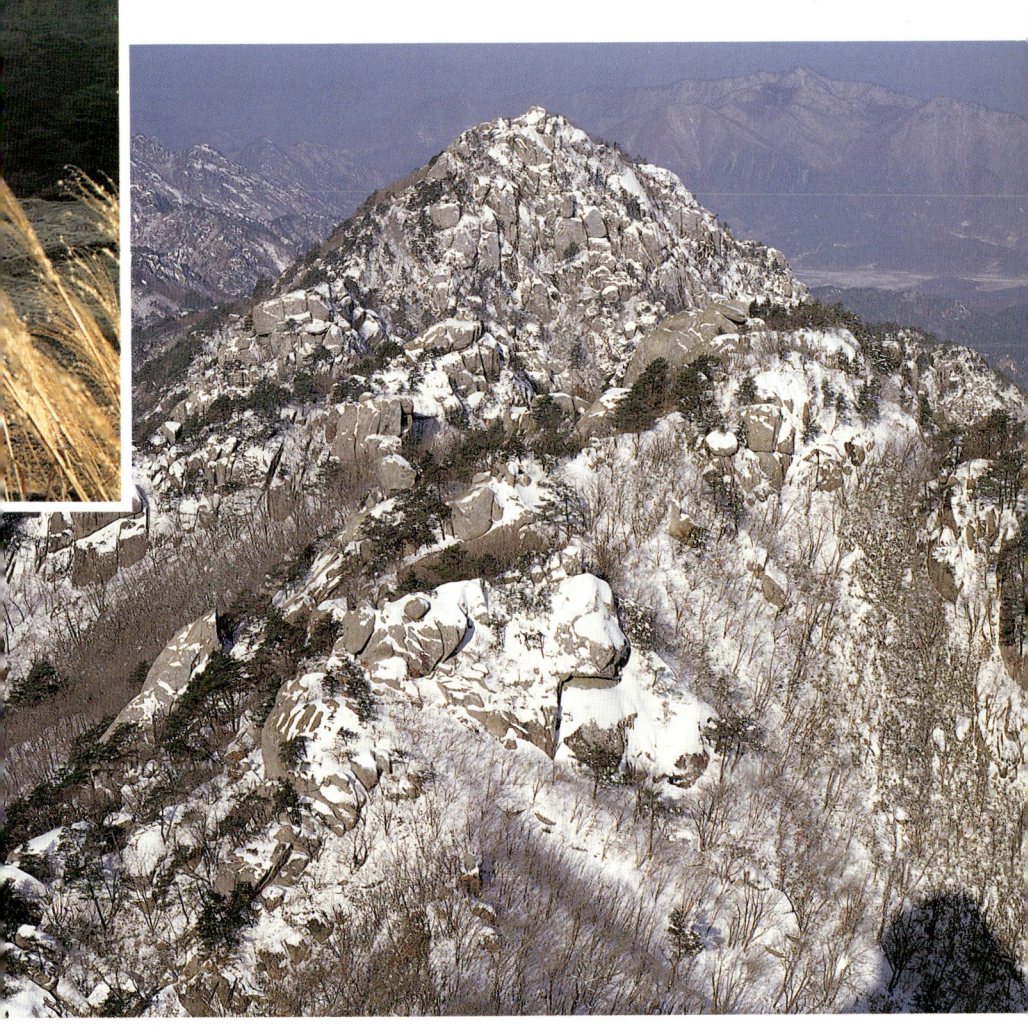

루 너머 화북의 대홍동과 연결하는 마찻길이 뚫려 제법 붐비는 길목이었다고 전해지나 지금은 초목에 묻혔다. 이끼에 덮인 채 아무렇게나 뒹구는 석물(石物)들, 잡목더미에 눌려 겨우 흔적만 남은 여러 절터들은 마찻길이 필요했던 이유를 잘 설명해 준다.

산 깊은 이곳 묘봉과 관음봉 사이에서는 이따금 자살한 주검들이 발견되어 사람들을 놀라게 한다. 뛰어내리기 좋은 바위 낭떠러지, 어둑신한 수림, 태고의 그것이었을 적막감, 이런 조건들이 패배한 영혼들의 마지막 주도 면밀성을 충족시켰을 것이다. 속리의 이름 풀이와 어울리는 산의 허심한 분위기가 고독한 이의 심리를 고무시키는 것 같다는 해석도 있지만 주검은 속리산에서 마주치는 가장 참담한 장면이 아닐 수 없다. 분명하게 확인할 길은 없지만 속리산에는 자살자들이 많이 모여든다고 한다. 그러나 이 산에서는 산행에 따른 조난 사고는 거의 일어나지 않는다. 짤막한 능선길에 잘 닦인 등산로, 얕은 계곡과 많지 않은 적설량 덕분이다.

달라지는 생태계

속리산의 수려한 산세가 과거의 모습 그대로이듯 이 산에서 벌어지는 생명 현상도 옛날의 그것과 크게 다르지 않다. 다시 말해 속리산의 자연은 살아 있다. 지구의 땅덩어리가 통째로 멍들어 가는 이 환경 파괴의 시대에 속리산의 자연이 살아 있다는 얘기는 더없이 반가운 소리일 것이다. 그건 연간 2백여만 명의 사람들이 몰려드는 데 비해서 그렇다는 의미이다. 문제는 몰려드는 사람들의 산속 행태를 적절히 관리하는 일일텐데 속리산은 전국의 국립공원에 야영 및

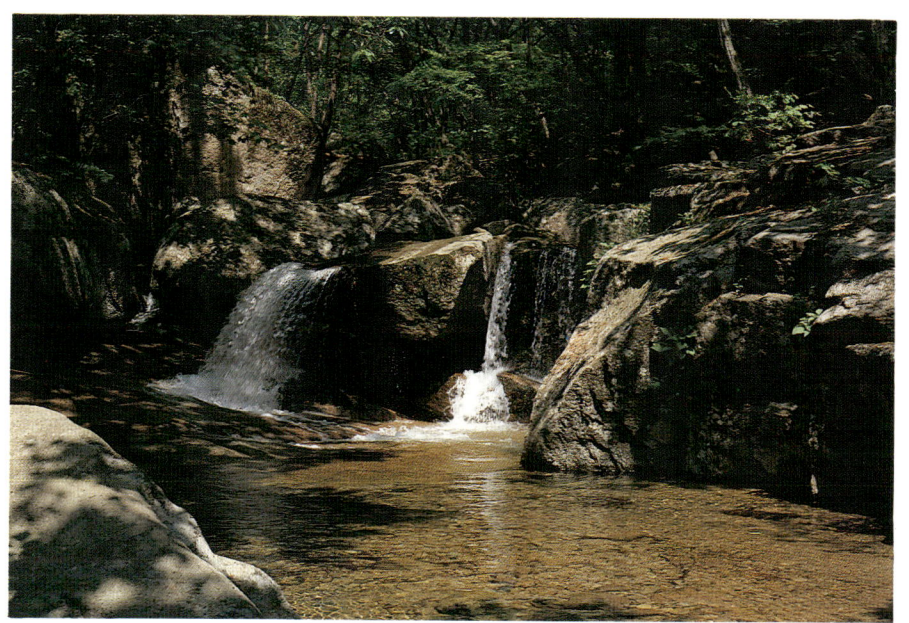

세심정 부근의 맑은 계류

취사 금지 조치가 내려지기 훨씬 전부터 배낭 멘 이들의 출입을 막아 왔다. 이것은 속리산의 자연상을 유지시키는 데 이바지했다. 상수원의 오염을 차단하기 위해 법주사 옆 등산로 입구에서 세심정 휴게소까지 약 2킬로미터를 철책으로 둘러 계곡에 들어가지 못하도록 한 것은 비록 볼썽사납긴 하지만 산행인들에 대한 경계의 표시로 읽힌다.

속리산의 식물상에 대해 본격적인 연구를 한 이는 일본 사람 모리 다메로(森爲二)이다. 그는 1930년에 속리산을 답사해 107과(科) 511종(種)의 자생식물을 밝혔다. 그 뒤 몇 차례의 학술 조사가 이루어졌는데 지난 1980년대 초, 당시 국립공원협회(현 국립공원관리공단)는 속리산의 식물이 모두 150과 672종에 이른다고 발표했다. 한편 1990년 8월 한국자연보존협회가 구성한 '속리산 일대 종합학술 조사단(단장 임양재 중앙대 교수)'은 99과 386종의 식물을 채집 확인한 뒤 기존의 연구 자료와 종합, 총 121과 871종의 식물들이 살고 있다는 보고서를 썼다. 이를 통해 속리산 식물 종류의 증가를 알 수 있다. 이 같은 종의 증대는 조사 기법의 발전에 따른 보다 정교한 탐사의 결과이다. 또한 연구자들은 속리산의 식물상이 대체로 안정되었다고 분석하였다. 중남부 대륙에서는 보기 드문 훌륭한 숲을 이루었다는 평가이다.

침엽수와 활엽수가 사이좋게 동거하는 속리산에서 가장 은성한 수목은 소나무이다. 해발 600미터 이하의 산록부와 돌덩이가 노출된 능선부의 건조지에서 순림(純林)을 형성한 소나무는 600미터 이상의 산자락에 군락을 이룬 서어나무, 신갈나무, 굴참나무, 느티나무, 고로쇠나무 들과 함께 속리 수림의 판세를 주재한다. 그런데 이 소나무들의 몸뚱이는 대체로 늙었다. 병풍 속의 화면인 양 회백색의 밝은 바윗덩이와 절묘한 조화를 이룬 소나무의 고답스런 풍치는 가지가 척척 휘늘어지는 그 노년의 나이테에서 비롯한다. 그러나 속리산에서는 지름 10센티미터 이하의 유목이 거의 발견되지 않아 종의 유지에 대한 우려를 낳고 있다. 어린 나무들이 줄기차게 번성하는 신갈나무 따위의 왕성한 생육에 의해 소나무 군락이 대치될 상황이 예상 가능한 정도이다.

한편 나라 안의 많은 소나무들이 그렇듯 속리산 소나무들도 오랫동안 솔잎혹파리에 시달렸다. 보은군의 자료(「솔잎혹파리 방제 대책」, 1990)에 따르면 속리산에 솔잎혹파리가 퍼진 것은 지난 1977년부터였다. 그것은 빠른 속도로 소나무를 파먹어 들어가 1982년에는 전체 소나무의 82퍼센트 정도가 병증을 나타냈다.

솔잎혹파리 방제를 위한 노력은 전쟁을 방불케 했다. 보은군은 속리산의 모든 소나무를 대상으로 주사를 놓고 피복을 입히고 약제를 살포했다. 1980년부터 1990년까지 무려 13억 원의 예산과 8천여 명의 인원이 투입되었다. 그래 1990년부터 가까스로 회복기에 접어들었다.

속리산 최고봉 천황봉에는 신갈나무, 함박꽃나무, 쇠물푸레, 두릅나무, 산앵도나무, 털진달래, 싸리, 산수국 같은 나무들이 보이고 원추리, 산둥굴레, 바위채송화, 애기닭의 장풀 따위가 바위 틈에서 자란다. 산이 그리 높지 않고 아울러 지대에 따른 기후 변동도 유별난 바가 없는 비슷한 식생환경인 만큼 속리산의 식물 분포는 지극히 범상하다. 산의 높은 쪽에 층층나무, 팥배나무, 개옻나무, 생강나무,

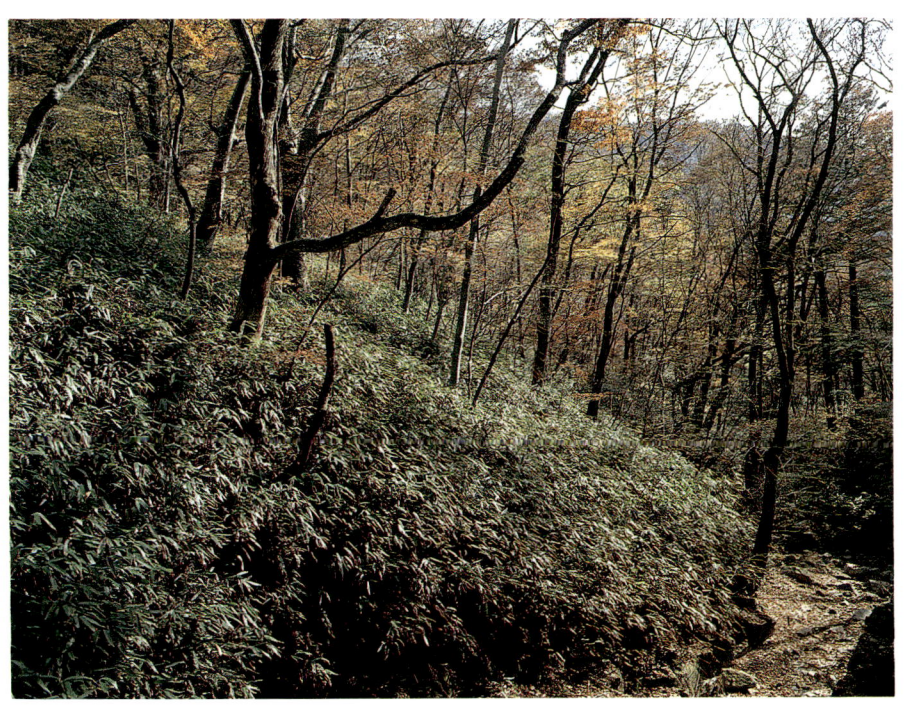

속리산 기슭의 암자 주변은 특히 산죽이 넓게 퍼져 있다.

박쥐나무가 살며 낮은 곳에 고추나무, 마가목, 조릿대가 서식한다. 개암나무, 딱총나무, 광대나무, 찔레 들이 숲 가장자리에 가득하고 그 주위에 다래, 으름, 칡 같은 덩굴식물들이 이리저리 엉켜 있다. 노각나무, 대팻집나무와 털노박덩굴은 남방계 식물로 속리산이 북한(北限)이다.

은폭동(隱瀑洞)의 바위 틈에 솟은 높이 10미터의 노간주나무는 희귀한 노거수(老巨樹)로 꼽힌다. 상환암 아래 해발 600미터 지점에서는 일본과 중국에서만 자란다고 보고된 산쐐기풀이 발견되었다. 산초나무 노거수와 금강제비꽃도 속리산의 명물이다.

속리산 망개나무는 천연기념물 제207호로 지정되었다. 여름의 녹색꽃과 가을의 붉은 열매를 자랑하는 이 활엽수는 안터골의 군락을 비롯해 산중 곳곳에 서식한다. 재질은 단단하지만 잘 휘어져 목재로서는 환영을 못 받는 망개나무는 과거엔 주로 돗자리 소재로 쓰였다. 망개나무 돗자리는 최상품으로 많은 사람들로부터 사랑을 받았다고 한다. 그에 따라 속리산 망개나무가 꾸준히 잘려 나가 이윽고 희귀종이 되고 말았다는 게 이 지역 노인들의 얘기이다.

법주사 뒤편에 자생하던 한국 특산종인 눈개자비나무는 이 산에서 멸종된 것으로 보고되었다. 주목도 눈에 불을 켜고 찾아도 볼 수 없게 되었다. 사람들이 많이 붐비는 문장대 쪽이 비교적 식생의 발달 정도가 빈약한 실정에도 주목해야 한다. 송이버섯의 생산도 줄었다. 소나무 숲에서 채취되는 이 향기로운 버섯은 채취꾼들이 조합을 결성할 만큼 돈이 되는 식물이었다. 그러나 근래 들어 구경조차 힘든 희귀종으로 바뀌었다. 보이는 족족 마구잡이로 캐낸 탓도 있지만 솔잎혹파리 방제에 따른 부작용이라고들 말한다.

여름철의 속리산에는 대체로 22종의 조류(鳥類)가 살고 있는 것

으로 관찰되었다. 가장 흔한 새는 박새이다. 다음으로는 오목눈이,
쇠박새, 노랑턱멧새, 곤줄박이, 붉은머리오목눈이 순이다. 망치질하
듯 야무지게 부리를 놀려 나무에 구멍을 파느라 온종일 요란스럽게
수선을 떠는 딱따구리도 어렵잖게 발견된다. 물총새, 직박구리, 밀화
부리, 까치, 중대백로, 검은댕기 해오라비들도 속리산 언저리에 서식
한다.

그런데 속리산 일대에 서식하는 하계 조류상은 상당히 빈약하다
는 진단이다. 종다양성(種多樣性) 지수가 2,596으로 소백산맥 중앙부
에 위치한 어느 산보다도 서식하는 새들의 종류가 다양하지 못하다.
지난 1970년대 초만 해도 흔하게 볼 수 있던 많은 새들이 종적을
감췄다. 바로 붉은배새매, 벙어리뻐꾸기, 쏙독새, 호반새, 오색딱따구
리, 진박새, 동고비, 할미새사촌, 방울새 따위의 새들이다. 호사스런
깃털로 치장하고 예사로 수풀을 건너 다니며 듣기 좋은 목청을 뽑
던 꾀꼬리매, 휘파람새매, 파랑새의 무리도 눈앞에 좀체 어른거리지
않게 되었다.

속리산이 다른 산에 비해 조류 서식처로서 훌륭한 임상(林相)을
갖추었으면서도 실제 조류상이 빈약한 원인은 무엇보다 산속을 헤
집는 사람들의 발길이 날로 늘고 있는 것에서 찾아야 할 것 같다.
지나치게 예민한 족속인 새들의 교미와 번식은 은밀하고 조용한 숲
에서만 가능하다. 결국 사람의 행렬에 밀려 많은 새떼들이 번식지를
옮겨 간 셈이다. 속리산의 곤충상이 매우 빈곤해신 상황 역시 새들
의 감소를 초래했다. 곤충 부족은 새들의 식량난을 불러일으킨다.
말하자면 먹이사슬의 구조가 흐트러진 것이다.

연구자들은 속리산에서 15목 155과 822종의 곤충들이 발견되었다
고 기록했다. 그런데 지난 1990년, 한국자연보호협회가 20명의 조사

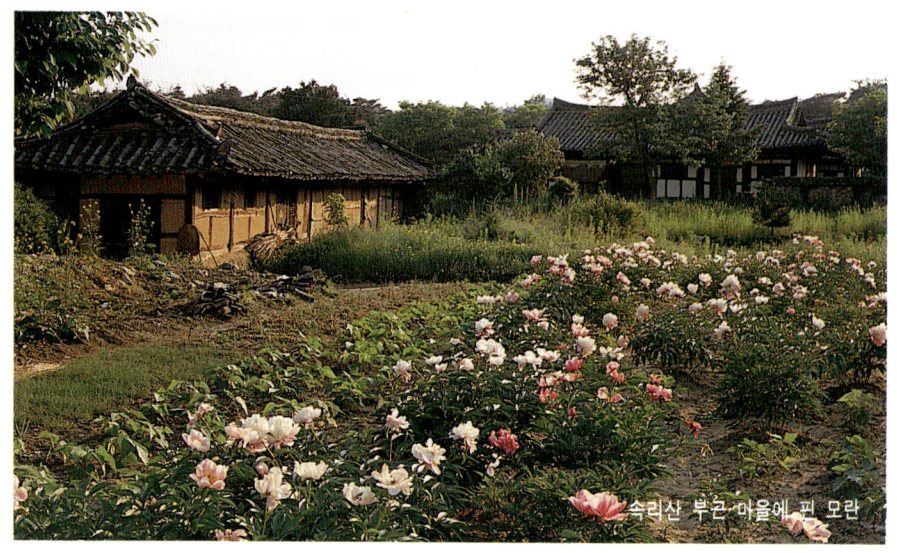
속리산 부근 마을에 핀 모란

자를 투입한 대대적인 탐사에서는 600종 이하로 드러났다. 이 같은 곤충상은 다른 상에 비해 현저히 낮은 수준이다. 특히 대형 곤충군 (群)인 사슴벌레과, 하늘소과, 딱정벌레과의 감소는 심각한 상태이다. 학자들은 이 같은 현상을 솔잎혹파리 방제에 따른 부작용으로 보았다. 즉 솔잎혹파리라는 해충을 퇴치하기 위해 살포한 살충제가 다른 곤충의 무리들까지 덩달아 쓸어 버린 것이다.

곤충이 줄어들자 새들도 속리산을 떠나게 되었다. 솔잎혹파리는 이처럼 연쇄적으로 생태계를 교란시켰다. 솔잎혹파리의 공습을 받은 소나무들이 이제야 겨우 회생되고 있듯, 곤충상이 복원되고 떠나간 새들이 다시금 속리산으로 복귀하는 데에는 꽤 많은 시간이 걸릴 것으로 예상된다.

속리산 둘레의 물길에서는 참종개, 미유기, 퉁가리, 꺽지, 긴몰개, 묵납자루 등 11종의 담수어들이 노닌다. 화북 쪽 계류에서 나타난 종개는 생물지리학상 주목할 어종이다. 그러나 속리산 내부의 짧고 얕은 산골짝에는 버들치, 피라미, 돌고기 정도가 서식하는 게 고작이며, 양서류와 파충류의 서식 밀도는 매우 낮다.

1970년대만 해도 이 산에서 뛰어다니던 늑대나 여우를 이젠 볼 수 없다. 그러나 밤길의 산행에서 사람들은 이따금 숲속에서 불을 뿜듯 번쩍이는 커다란 두 개의 눈동자와 마주치고는 혼비백산 하는 수가 있다. 바로 살쾡이인데 큰 것의 덩치는 개만하다. 맹수가 사라지자 야생 들개가 강자 노릇을 하고 있으며, 멧돼지는 지천에 깔렸다. 또한 고슴도치, 너구리, 오소리, 궁노루, 두더쥐, 산토끼 따위의 발자국도 찾아볼 수 있다. 그중 흔한 놈은 다람쥐이다. 그러나 요사이 다람쥐가 수난을 당하고 있다. 속리산 둘레의 민가와 상업 지구에서 기르던 고양이들의 일부가 속리산에서 새끼를 치기도 하는데 그게 들고양이가 되어 번성하기 시작했다. 다람쥐들은 두더쥐, 들쥐 그리고 고양이들의 날카로운 이빨에 찢긴다. 야생의 숲으로 뛰어든 집고양이의 돌연한 생태 변이는 괴상한 일이 아닐 수 없다. 그러나 다람쥐를 삼키는 들고양이들의 행태는 매우 급격히 확산되고 있어 인위적인 제거 작업이 요구된다.

속리산이라고 하는 생명의 들판에서 벌어지는 동식물의 생태를 통해 우리는 자연의 이법을 떠올리게 된다. 새 한 마리의 지저귐이 바로 자연의 이법이자 질서임을 그 울던 새가 사라졌을 때야 비로소 깨닫는 것이다. 곤충의 급격한 감소로 산을 떠나는 새들, 곤충을 줄이는 살충제, 그리고 자연의 협력자가 아니라 침략자가 되기도 하는 사람의 대열. 이렇듯 생태계의 변동 뒤에는 임정한 인과성이 놓이니 그것이 바로 자연의 이법이다. 속리산은 그렇게 자연의 이법을 증거하며 속리산에 들어온 모든 생명들이 참다운 생명으로 존재하라고 명령한다. 속리산에서 사람이 자연의 일부로 겸허하게 임해야 할 이유가 바로 여기에 있다.

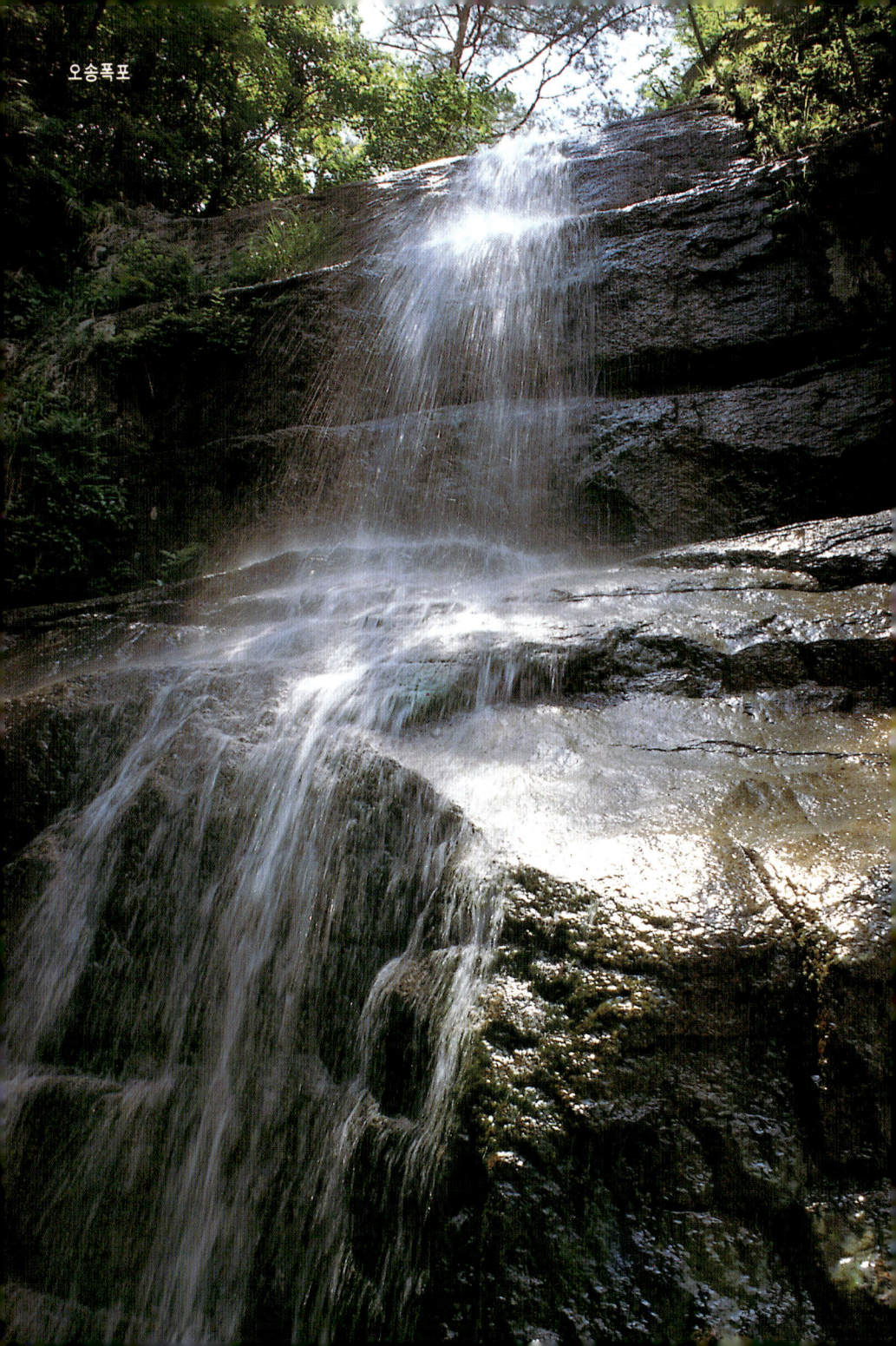
오송폭포

속리산의 이름난 장소들

사화와 설화의 창고

지리산의 내장을 사정없이 가로지르는 관통 도로가 생긴 데서도 알 수 있듯이 거창한 도로 설치가 곧 국토 개발의 초석인 양 여기는 오늘의 풍토에 걸맞게 속리산 역시 무척 발달된 교통망을 테두리에 걸치고 있다. 산 둘레를 빙빙 도는 도로와 산의 들머리까지 데려다 주는 포장길이 촥촥 깔렸다. 그래 여행자는 취미에 따라 노선을 골라잡으면 그만이다. 하지만 말티고개는 여전히 많은 이들이 이용하는 속리행의 정석이 되는 길목이다.

해발 430미터 고갯마루를 기어오르는 열두 굽이 말티고갯길은 보은군 내속리면 갈목리에 설려 있다. 고개를 넘는 순간 속리산의 잘난 멧부리들이 일제히 달려오는 말티고갯길이 처음 뚫린 것은 조선 태종의 법주사 천도불사 때였다고 전해진다. 옛날이나 지금이나 높은 사람의 행차는 길바닥 광내기부터 시작되는 모양으로 조선의 세조가 나타날 때 이 고갯길에는 전석(磚石)이 깔려 당시로서는 탄탄대로를 이루었다. 이런 길이 만들어지기 위해 백성의 노동력을 쥐어짠 호된 부역이 뒤따랐음은 말할 나위 없는 일이다. 길이 나자 사람이 다니게 된 게 아니고 왕이 나타나자 길이 뚫린 이 고갯길은 일단 탄탄대로로 닦이면서 참 쓸모 많은 길이 되었다. 부근 농투성이들의 마바리 소바리가 끄덕끄덕 고개를 넘으면서 민생을 도모하는 길이기도 했지만 그보다는 유람 가는 길로 각광 받았다. 중앙의 대소 관원들과 양반 자제들의 관광 대열과 원근 도처의 수령방백이나 토반 호족들의 유람 행렬이 말티고개를 타넘어 속리산의 비경 속으로 들어갔다.

말티고개의 지명 유래에 대해서는 여러 설들이 많지만 세조가 말을 타고 넘었대서 붙여졌다는 주석이 설득력이 있다. 세조를 태운 가마를 지고 고개를 넘던 가마꾼들이 가파른 굽이 길에서 퍼져 버리자 왕이 말로 갈아타고 고개를 넘었다는 것이다. 사실 속리산은 조선의 이(李)씨들과 참 많은 사연을 엮었다. 속리산에 팔자를 묻은 보은이라는 곳의 이름패 자체가 이방원(李芳遠), 그러니까 조선 태종의 상상력에서 비롯되었다고 한다. 그 이야기는 이렇다.

이성계의 다섯째 아들인 태종은 왕권을 거머쥐기까지 왕위 계승권을 둘러싼 골육상쟁을 벌여야 했다. 그 바람에 형제 둘이 죽었다. 이른바 '조선조 제1차 왕자의 난'이다. 태종은 죄의식을 씻기 위해 속리산 법주사에서 원혼들을 달래는 천도불사를 크게 치렀다. 그 뒤 태종은 자신의 영혼이 정화된 듯한 평화를 얻었다. 그러자 태종은 그 사실을 기리기 위해 이전까지 보령으로 불린 지명을 '은혜 갚는다'는 의미의 '보은(報恩)'으로 갈았다.

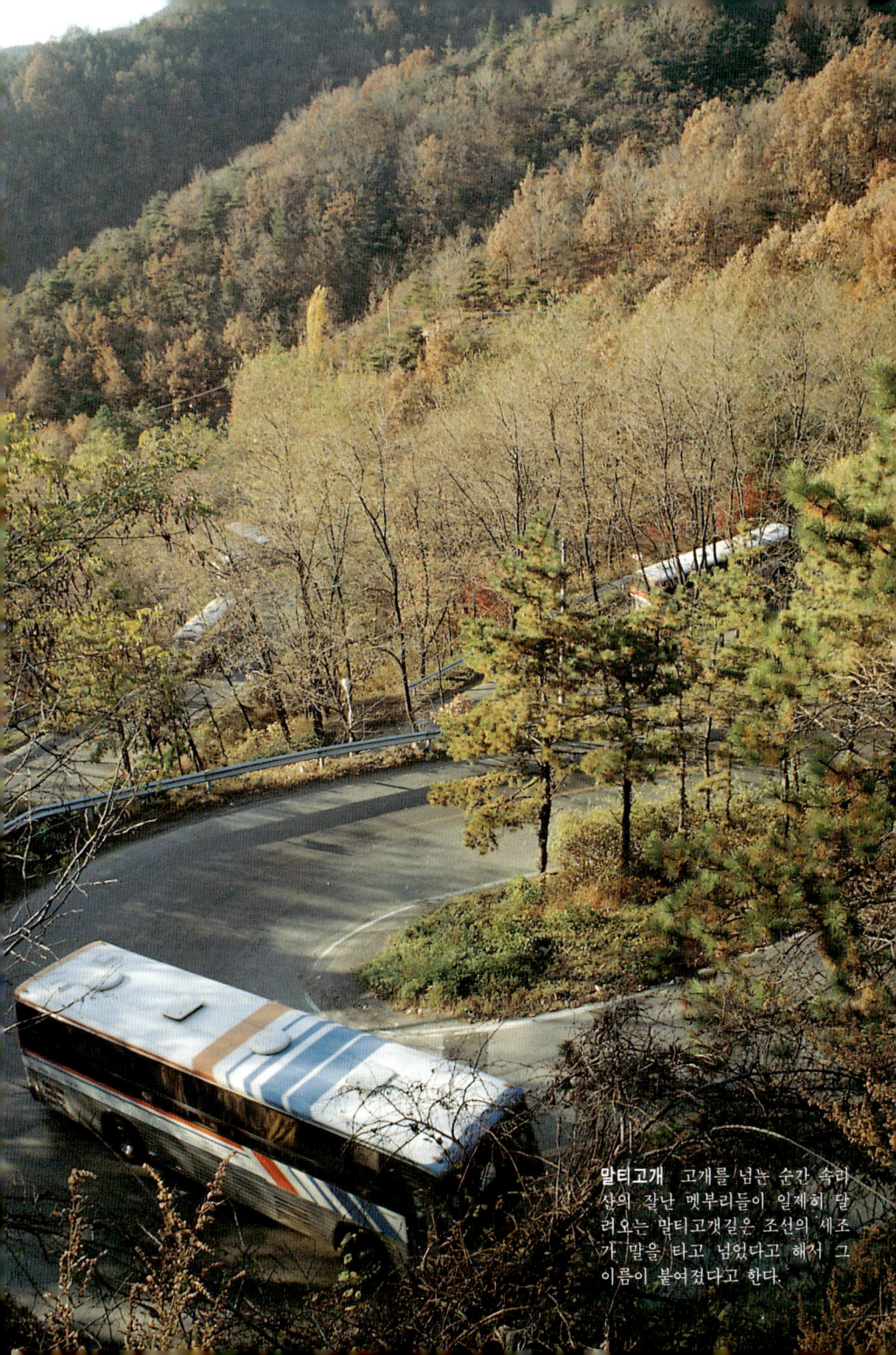

말티고개 고개를 넘는 순간 속리
산의 잘난 멧부리들이 일제히 달
려오는 말티고갯길은 조선의 세조
가 말을 타고 넘었다고 해서 그
이름이 붙여졌다고 한다.

참으로 속리산은 사화(史話)·설화·전설이 무성히 넘쳐흐르는 멧부리이다. 가장 얘깃거리가 많은 설화는 핏빛으로 물든 권력 투쟁의 역사 화면을 걸치고 나타나는 세조의 행장에서 배출되었다. 조카인 단종을 몰아내 죽인 왕위 찬탈극의 주인공인 세조의 유혈 쿠데타는 칼로 베고 고문으로 꺾어 버린 사육신(死六臣)의 명패를 오히려 역사에 또렷이 돋을새김한 한편 생육신(生六臣)을 비롯한 수많은 반체제 지식인을 낳았다. 실로 영일이 없는 조선의 권력 투쟁 시간표는 세조로부터 입안되었던 셈이다. 그러나 그의 치적 또한 만만치 않아 무단 독재 정권의 오욕을 상쇄한다. 세조는 특히 집권 말기에 자신의 삶을 불교의 업보사상에 의탁한 신행(信行)으로 일관하였다. 불적(佛籍)을 간행하고 원각사를 창건했다. 세조가 속리산에 나타난 것은 바로 이 무렵이었다.

집권 10년째인 1464년 병든 몸을 이끌고 말티고개를 넘은 세조는 한 그루의 신기한 소나무 아래에서 가마를 내렸다. 그 소나무는 왕의 가마가 제 가지에 걸린 사실을 알고 스스로 가지를 번쩍 들어올렸던 것이다. 왕은 그 신통한 소나무에게 정이품의 벼슬을 내렸다. 그것이 바로 내속리면 상판리 도로변에 서서 600여 년을 버텨 온 정이품송(正二品松:천연기념물 제103호)이다.

속리산의 문지기 노릇을 하는 정이품송의 모습은 예전과는 달리 많이 구겨졌다. 그 늙은 나무는 솔잎혹파리의 기습을 받아 링거병을 주렁주렁 매달기도 했고 1993년 2월에는 태풍이 몰아쳐 가장 큰 가지를 부러뜨리기도 했다. 이에 사람들은 지극한 정성으로 나무를 보살펴 생명줄을 연장시켰고 그 후 대를 이을 아들나무(子木)를 키우고 있다. 정이품송 자리에서 남서쪽으로 약 7킬로미터쯤 떨어진 외속리면 서원 계곡에는 역시 600살쯤 된 소나무 한 그루가 있는데

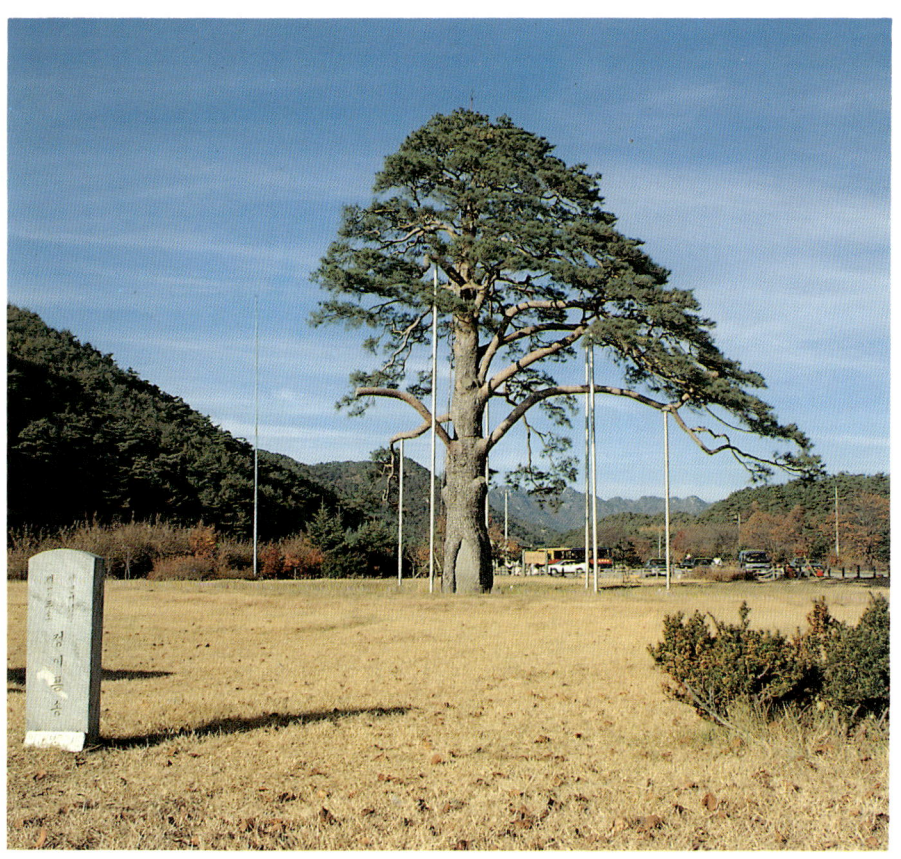

정이품송(천연기념물 제103호) 조선 세조가 탄 가마가 가지에 걸리자 제 가지를 들어 길을 터준 이 신통한 소나무에게 세조가 정이품의 벼슬을 내렸다고 한다.

사람들은 언제부디인기 정이품송과 내외지간이라 해서 정부인송(貞夫人松, 천연기념물 제352호)으로 부른다.

정이품송이 자라는 마을은 진터골로 불리는데 이곳에도 세조와 관련된 일화가 묻혀 있다. 세조는 자신의 왕위 찬탈을 비난하는 딸 하나를 쫓아낸 일이 있다. 그 불행한 공주는 평민 복색으로 민간에 숨어 살다가 한 사내를 만나 결혼했는데 우연찮게도 김종서(金宗

瑞)의 둘째 손자였다. 김종서는 단종의 수호자로 세조의 추종자인 신숙주에게 참살된 인물이다. 그래 그의 손자 역시 숨어 사는 처지였는데 민간에 떠돌던 공주를 만나 아들딸을 하나씩 낳았다. 그들이 살던 곳이 바로 속리골이었는데, 묘하게도 속리산에 나타난 세조에게 덜미를 잡히고 말았다. 세조의 군사들이 진(陣)을 치고 사로잡기 위해 내달렸을 땐 이미 그들이 달아난 뒤였다. 진터(陣垈)라는 이름은 그렇게 해서 얻어졌다고 한다.

어디까지가 사실이고 어디까지가 허구인지 대체로 역사 문헌의 고증이나 고찰 없이 입에서 입으로 전달되어 온 이 같은 전설적인 일화들이 속리산엔 수두룩하다. 무엇보다 세조와 관련된 설화가 가장 많은데 설화 속에서 세조는 여전히 절대군주로 군림한다. 매독이라고도 하고 피부병이라고도 하는가 하면 그저 몹쓸 병이라고도 불리는, 아무튼 중병에 걸려 속리산에 들어온 후줄근한 실제 행색과 달리 전설 속의 세조는 꽃떨기처럼 아름답고 신선처럼 초인적인 존재로 나타난다. 전설이라지만 한갓 허풍에 지나지 않는 유치한 얘기들도 있다. 이를테면 세조가 속리산에 오를 때 칡덩굴이 자꾸 발에 걸려 신경을 건드리자 "거 고얀 칡이로다"라고 일갈하자 단박에 칡이 나무 위로 뻗어 오르더라는 것, 그때부터 속리산 칡덩굴이 나무를 타고 오르는 버릇이 생겼다는 얘기 따위가 그렇다.

그러나 설화는 그것이 아무리 허황된 것이라도 역사의 진실을 감지케 하는 하나의 촉수를 갖추게 마련이다. 속리산에 스민 세조 신화의 오랜 생명력은 신화의 은유와 상징이 암시하는 진실한 분위기에서 나온다. 세조 설화의 탄생 비결은 조선 궁정을 피로 물들인 패륜적 왕권 획득에도 불구하고 세조의 치적이 괄목할 만한 것이었다는 데서 연유한 듯하다. 부도덕한 왕권 탈취 사실에 대한 분노보다는 그가 행한 치세에 대한 민간의 긍정과 외경으로부터 숭모의 신화가 빚어졌을 수 있다. 또한 정반대로 오히려 역설과 반어의 표현일 수도 있으며, 한편 그 시대 이야기꾼들의 의도적인 상징 조작술이 발휘된 것일 수도 있다.

문장대, 그 속리 가인(佳人)의 얼굴

법주사에서 동북쪽으로 6킬로미터를 올라가는 문장대(文藏臺)의 높이는 1,033미터이다. 멧부리를 가득 메운 바윗장이 총총한 속에서도 혼자 우뚝하게 치솟은 이 거대한 암봉은 사방에서 물결처럼 밀려오는 산 산 산, 모든 뭇 산들의 조복을 받는다. 꿀통에 벌떼 덤비듯 줄기차게 이 사자 형상의 바윗덩이에 사람들이 운집하는 것은 끝간데 없이 펼쳐지는 산물결의 파노라마에 넋을 놓기 위해서이다. 그만큼 문장대에서의 세상 조망은 압권이다. 매사에 과장법을 즐겨 쓰는 사람들은 이 바위 꼭대기에 올라서면 서울 남대문에서 동해의 고깃배까지 볼 수 있다고 너스레를 떨어댈 지경이다. 그토록 갑자기 시야가 탁 트이는 것이다. 그 순간 움츠렸던 배포가 펴지고 심지가 굵어지니 생활에 지치고 권태에 찌든 창백한 안색에 어느덧 화기가 삼돈다. 삶에 시진 사람들은 문장대에서 호연지기(浩然之氣)를 얻어 가는 것이다.

해돋이와 해넘이의 장려한 그림, 봄·여름·가을·겨울 철따라 변하는 절묘한 풍경화 역시 꼭대기에 오른 사람들로 하여금 예기치 못한 감동을 느끼게 한다. 구름이나 안개 짙은 날의 문장대는 운장대(雲藏臺)라는 별명 그대로 신비한 운무의 기둥이 된다. 구름은 이

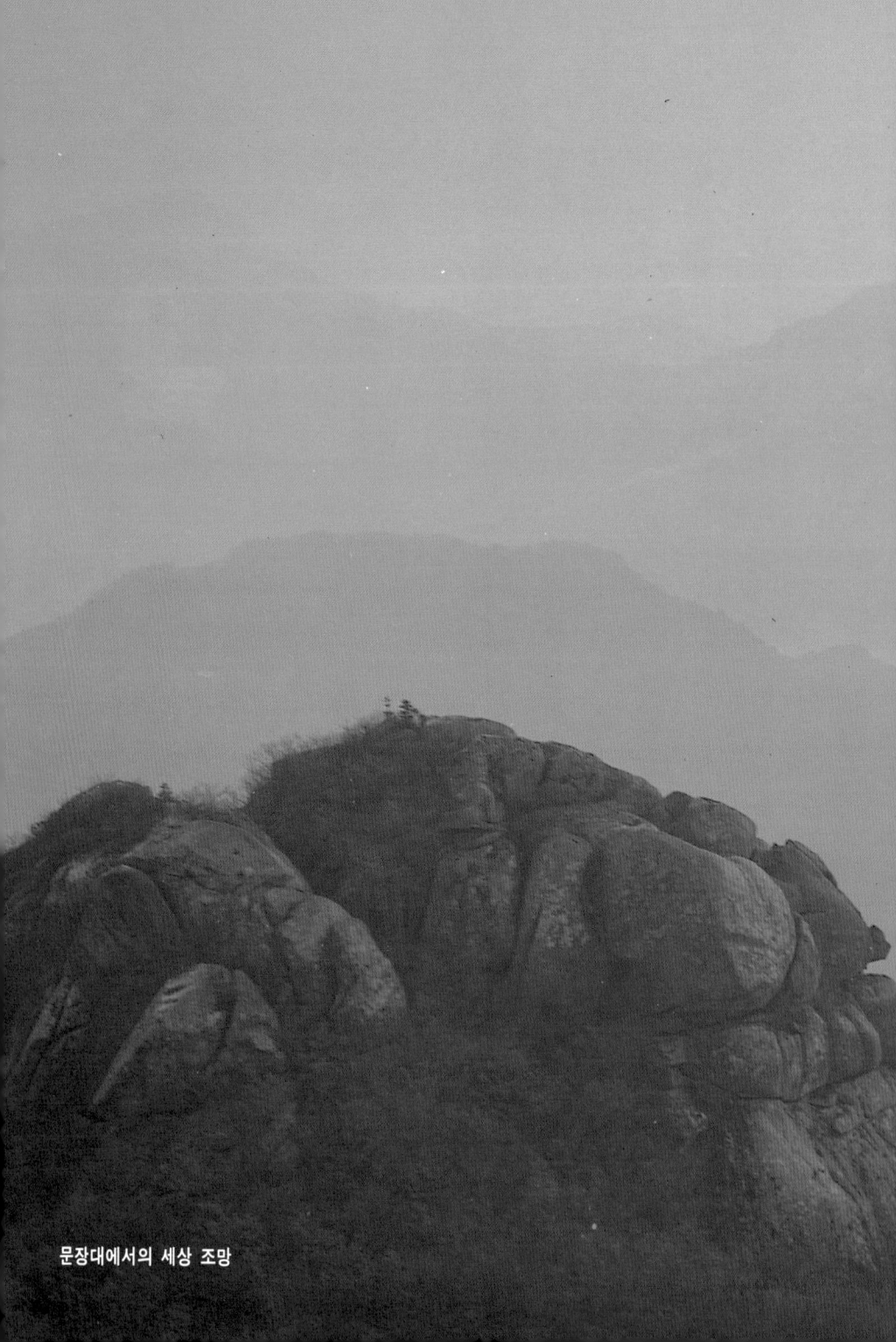

문장대에서의 세상 조망

바위 성채에 연금이라도 된 듯 오래 머물며 안개의 쑥대머리는 인가의 굴뚝 연기처럼 차츰 하늘로 사라진다. 말하자면 운무 가득한 날의 문장대는 하늘로 오르는 계단인 양 구름보다 높으며 안개보다 몽롱하다.

속리산을 산의 가인(佳人)이라고 한다면 문장대는 바로 그 미모의 얼굴이자 눈동자를 이룬다. 캄캄한 밤이 지나는 새벽녘이면 하마 대낮처럼 밝게 나타나고 설령 야음이라 한들 한 조각 달빛을 머금고 허여멀쑥한 바위결을 내비치며 밤낮을 가리지 않는 투명한 미태를 마구 과시한다. 그래 옛사람들은 이 아름다운 바위 산정에 올라 솟구치는 시정(詩情)을 일으켜 가랑잎에 시를 적고 그것을 달리는 바람결에 띄워 보내기를 무심히 되풀이했던 것 같다. 이를테면 조선 사람 송명흠(宋明欽)은 "문장대에 막대 짚고 서서 만리풍(萬里風) 쏘일 때, 창해(滄海)를 기울여 가슴에 쓸어 담고 싶어지네"라고 읊었고, 정시한(丁時翰)이라는 조선의 묵객은 "마치 주작(朱雀)을 타고 시원한 바람 가르는 듯하도다"라고 시심을 일으켰다. 『상주시지 (尙州市誌)』가 알리는 문장대 예찬도 무척 현란하다. 그 내용의 일부를 옮기자면 이렇다.

조화의 신공(神功)은 정녕 불가사의하다. 이렇게 큰 바위를, 이렇게 큰 대(臺)를 어떻게 들어서 얹었을까? 이는 분명 하늘에서 끈을 매어 내렸을 것이다. 또 어찌 그리 기묘한가…… 더없이 수려하다. 억겁을 바람에 닳고 비에 씻겨 한 점의 먼지조차 없다. 고상하고 청초하고 초연하다. 원근의 높고 낮은 산과 봉, 크고 작은 촌락과 도시, 넓고 좁은 골과 들, 골마다 굽이치는 계류와 하천, 그리고 법주사의 대가람이 손에 쥐일 듯 한눈에 보인다. 밤이

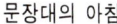
문장대의 아침

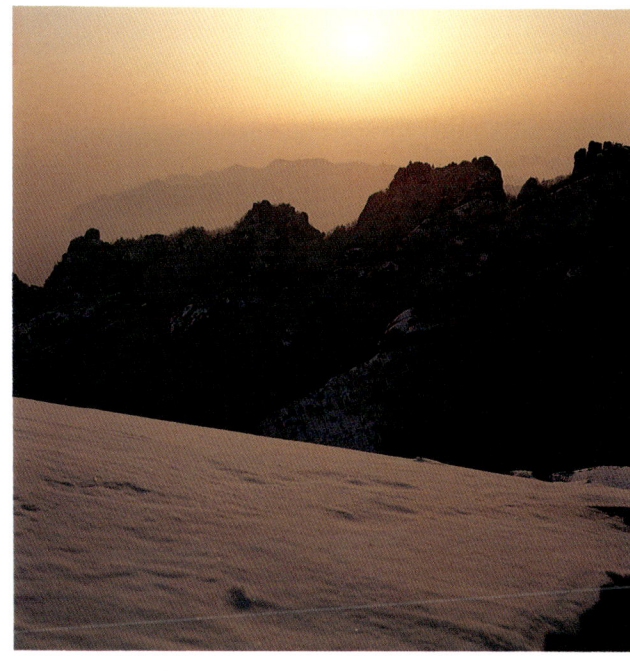

문장대에서 바라본 천황봉

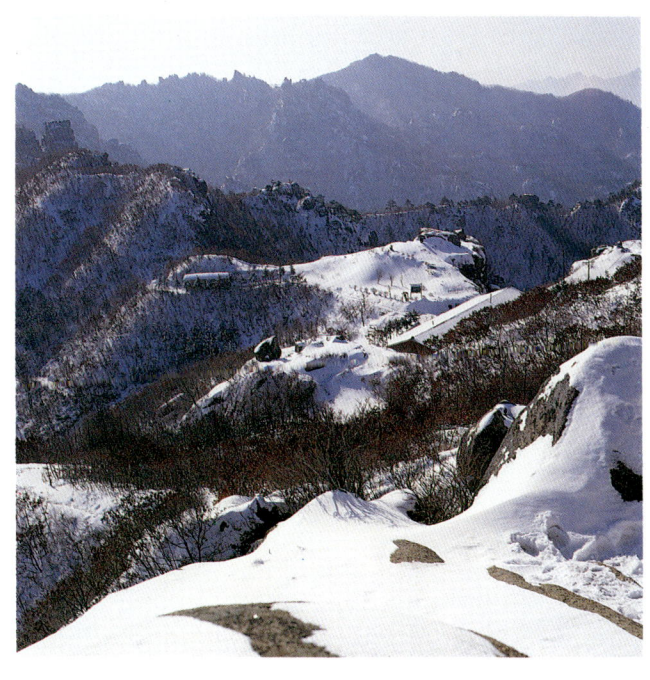

면 멀리 대전의 전깃불이 보이기도 한다.

　문장대의 정수리는 30평쯤 되는 평지를 이루었다. 속리산의 수많은 아름다운 암봉들이 삼엄한 뾰족봉우리를 갖춘 채 사람의 범접을 허용하지 않는 데 반해 문장대의 그것은 수백 명의 사람들을 무등 태울 넓죽한 바위 좌석을 마련한 것이다. 이것이 바로 문장대가 절묘한 천연의 전망대가 되게 한다. 그런데 민간의 전설은 이 천연의 망루 위에 세조의 명패를 새겨 넣고 있다. 문장대의 이름 자체가 바로 세조의 행적에서 비롯되었다고 전해진다.

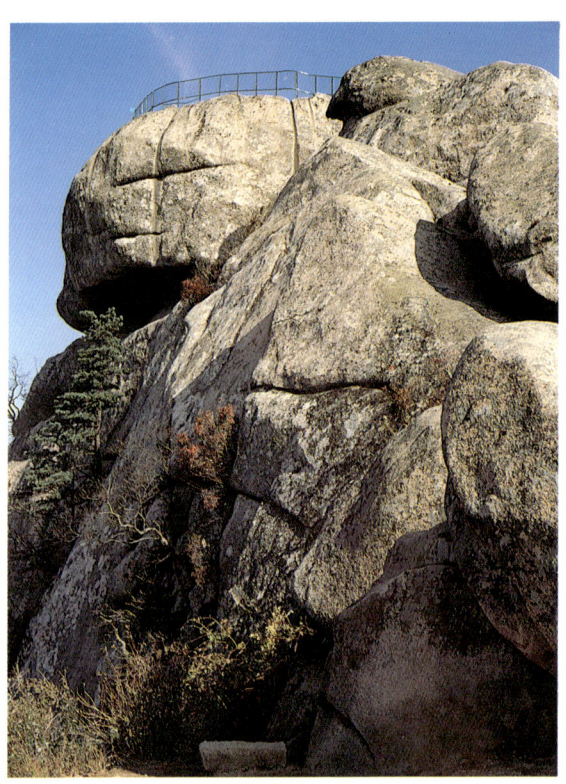

문장대　문장대의 정수리는 30평쯤 되는 평지를 이루었다. 속리산이 수많은 아름다운 암봉들의 삼엄한 뾰족 봉우리로 사람의 범접을 허용하지 않은 데 반해 문장대는 수백 명을 무등 태울 넓죽한 바위 좌석을 마련하고 있다.

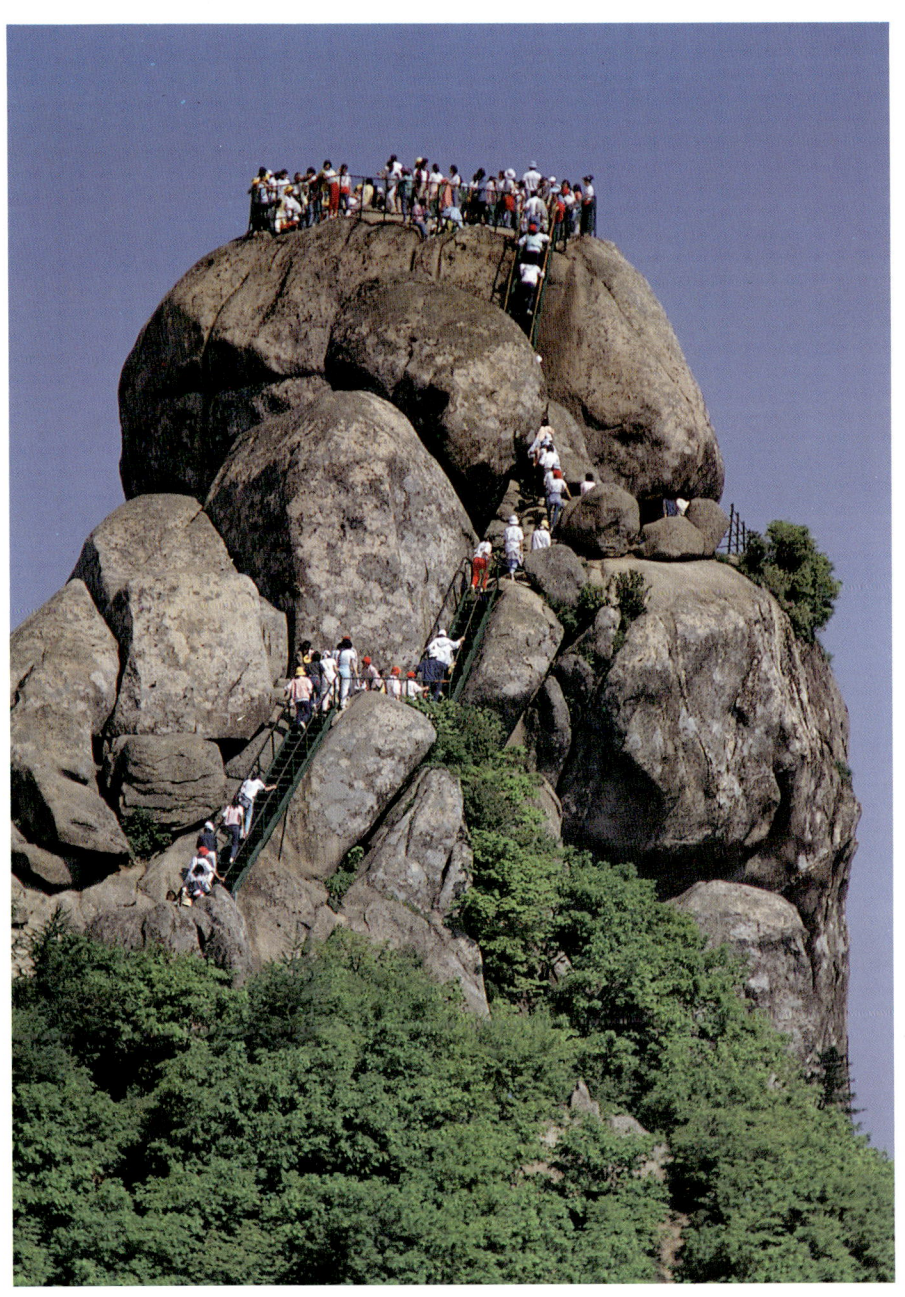

사람들로 복작대는 문장대

열 섬의 환약과 열두 동이의 탕약으로도 치유되지 않는 병에 걸린 세조가 속리산에 나타나 요양한 사실을 전하는 문적은 세조 10년(1464)에 지은 복천사 사적(福泉寺事蹟)이다. 법주사에 딸린 작은 암자인 복천암에는 오늘날까지 세조의 속리산 입장을 증거하는 편액 따위가 걸려 있다. 세조는 법주사에 도착해 학조 대사(學祖大師) 등 당대의 법사들을 불러들여 국운 번창을 기원하는 법회를 열고 아울러 이름도 성도 모를 자신의 병 치료를 도모했다. 세조는 복천암 아래 계곡에서 병든 몸을 씻었다고 한다. 오늘날 목욕소라고 불리는 물웅덩이가 바로 세조의 욕조이다. 문장대 설화는 세조가 복천암에서 정양한 것에서 나왔다.

세조가 속리산에서 요양하던 어느 날의 꿈속에서였다. 월광 태자(月光太子)라 하는 귀공자가 나타나 왕에게 하나의 계시를 주었다. 동쪽으로 시오리(里)를 오르면 영험한 바위 봉우리가 있는데 그 곳에 올라 기도를 드리면 소원 성취할 것이라고 귀띔했다. 이에 세조는 이튿날 조신들과 더불어 향(香)과 축(祝)을 싸들고 산꼭대기를 헤매어 이윽고 한 영롱한 멧부리에 올랐다. 그런데 그 널따란 바위 봉우리에는 삼강오륜을 설파한 한 권의 책이 놓여 있는 게 아닌가. 세조는 꿈속의 계시에 새삼 탄복하며 엎드려 기도한 뒤 책장을 넘겨 신하들과 강론했다. 그로부터 문장대라는 이름이 붙었다.

병든 몸을 이끌고 과연 산꼭대기까지 오를 수 있었을 것인지 의문스럽지만 전설 속의 세조는 신비한 계시를 받고 또한 거기에 화답할 줄 아는 비범한 풍모로 그려져 있다. 『상주시지』는 상주시 화

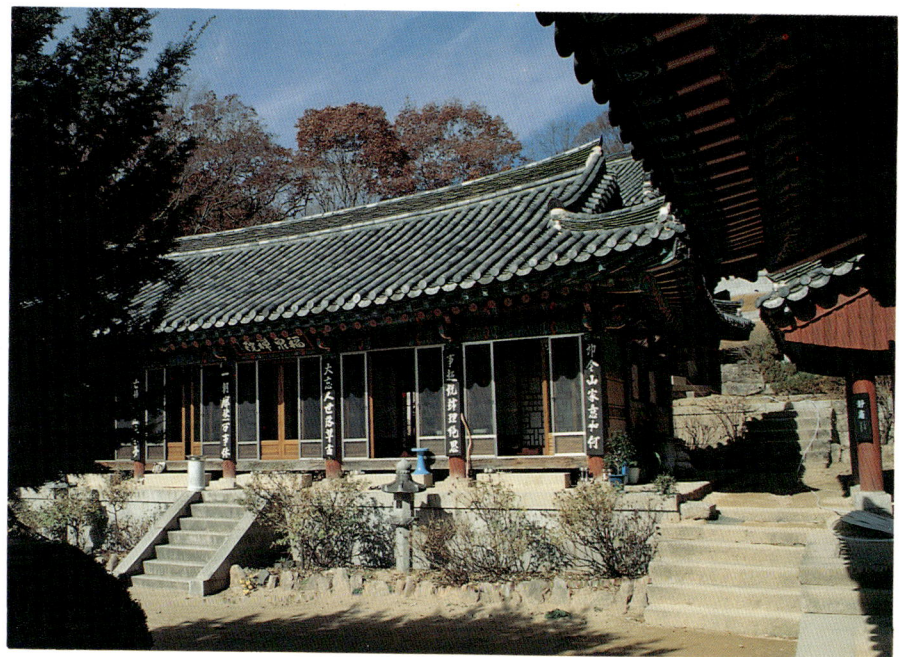

복천암 세조가 속리산에서 요양한 사실을 전하는 문적은 「복천사 사적」이다. 복천암에는 오늘날까지 세조의 속리산 입장을 증거하는 편액 따위가 걸려 있다.

북면 장암리의 시어동(侍御洞)이나 어임대(御臨臺)의 지명을 들어 세조의 문장대 등정이 상주 쪽을 통해 이루어졌다고 내세우고 있다. 어쨌든 에베레스트에 각인된 최초 등정자 힐라리의 행적처럼 문장 대에 새겨진 세조의 전설적인 족적은 지금까지 선명하게 전해지고 있다.

한편 조선의 낭만적 시인이자 석학인 백호(白湖) 임제(林悌, 1549~1587년)가 또한 문장대에서 걸어 나온다. 그는 문장대에서 신 선 시늉을 했다. 보은 현감과 그에 딸린 벼슬아치들이 문장대에 올 라 술타령을 할 때 임백호는 댓 발이나 늘어지는 가짜 수염을 붙이 고 술두루미를 꿰찬 동자를 거느린 신선 변장을 하고 나타났다. 그는 하늘에서 내려온 신선을 자처하며 평판 나쁜 보은 현감을 되게 닦아댔는데 어리벙벙한 현감은 혼비백산하여 넙죽 엎드렸다. 임백호는 민생을 돌보지 않고 악정(惡政)을 일삼는 현감의 행태를 줄창 꾸짖은 뒤 신선이 먹는 술과 환약이라는 것을 하사했고, 현감은 그것들을 황감히 받아 먹은 뒤 총급히 산을 내려갔다. 전설 속에 나타나는 임백호의 행적은 한 편의 통쾌한 해학극을 연상시킨다. 그는 질탕하게 놀아나는 현감을 마음껏 희롱했는데 신선주니 신약이니 하는 게 사실은 말 오줌과 토끼 똥이었던 것이다. 보은 현감이 과연 누구인지, 또 민생을 그르친 그의 실정(失政)이 어디까지 뻗쳤는지 전설은 그런 것까지 사실적으로 설명하지는 않는다. 그러나 문장대에 깃든 임백호 설화는 상상력을 자극하면서 오늘날까지 속리산 언저리에서 오랜 수명을 누린다.

문장대의 명물은 감로수(甘露水)이다. 문장대 북쪽 벼랑 틈서리의 움푹 패인 웅덩이에 고이는 물을 가리킨다. 속설에 따르면 이 물은 신선수(神仙水)로 세조가 온몸에 돋은 종기를 잡은 것도 감로수 덕분이라고 한다. 이처럼 영검한 생명수로 여겨진 감로수는 그러나 바위 틈에서 펑펑 솟는 용출수는 아니다. 이것은 비온 뒤에 바위를 타고 흐르는 물방울이 떨어져 고이는 물웅덩이에 가깝다. 하지만 감로수는 본래 지닌 뜻처럼 이슬 고인 물로 여겨지면서 신성한 약수로 숭배되었다. 그것은 허공에 솟은 암반 틈새에 모이는 희귀한 물길이기 때문이다. 아슬아슬한 벼랑의 옆자락에 패인 이 물웅덩이에 가기 위해서는 밧줄을 늘어뜨려야만 한다. 말하자면 감로수는 문장대가 숨긴 가장 은밀한 부속물이다. 이따금 감로수를 마시기 위해 로프를 타는 사람들이 있지만 텅 빈 바닥이나 한줌이 될까말까한 흐릿한 물만을 볼 수 있을 따름이다. 감로수는 결국 신화 속에서만 신성하

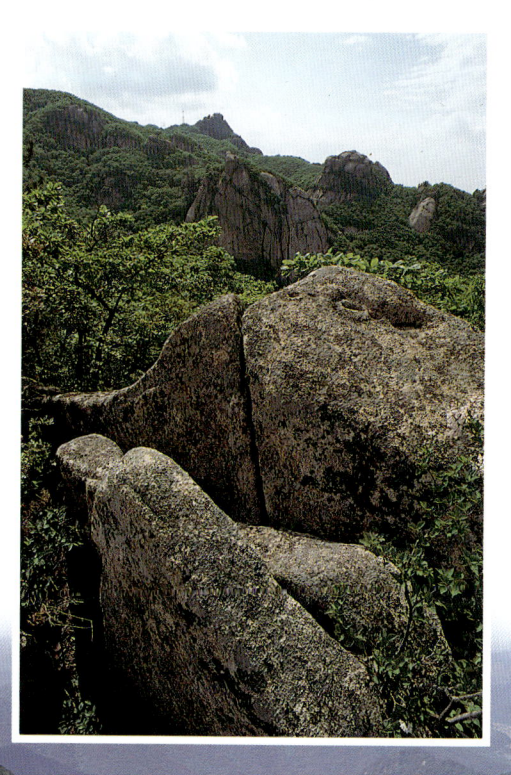

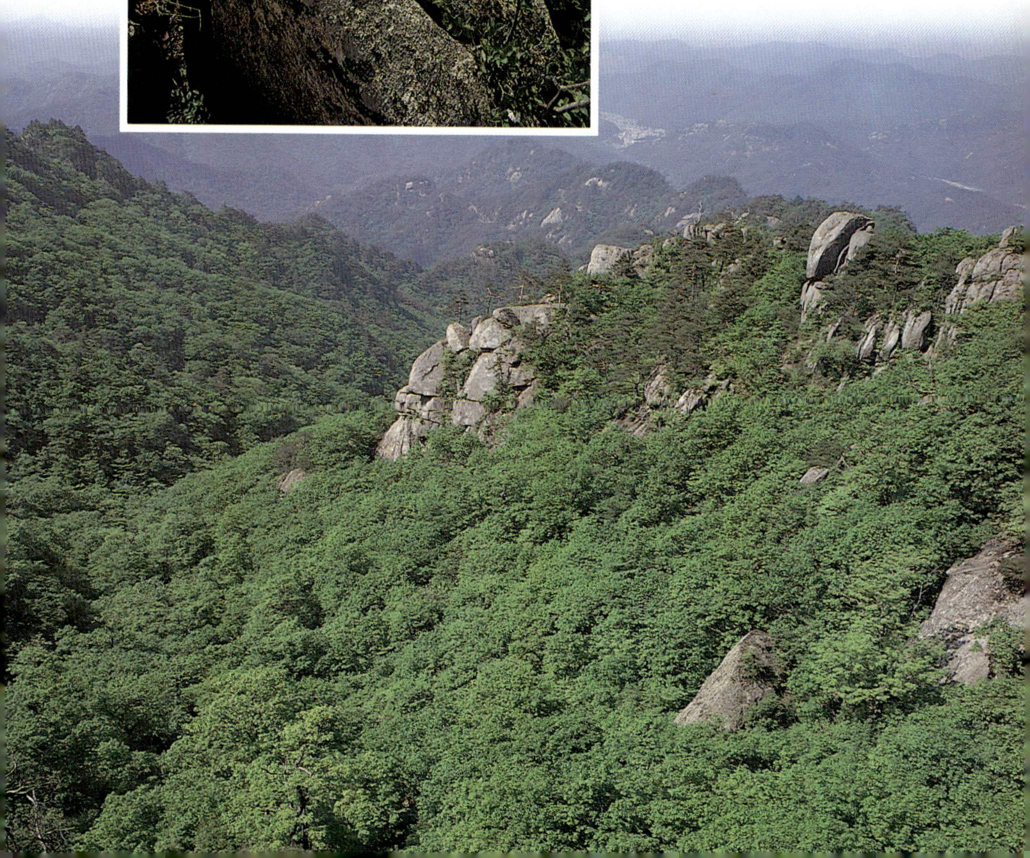

청법대 능선에서 바라본
문장대 원경(왼쪽)

문장대에서 내려다본 남
서 조망(아래)

게 존재한다. 속리산의 운명을 주재하는 신선들만이 마실 수 있는 거룩한 신비의 샘……. 감로수의 실체와는 별도로 사람들은 문장대의 신선수 숭배를 멈추지 않는다.

사람들이 버글거리는 문장대의 주변 풍경은 일면 심란스럽기 그지없다. 경찰이 세운 뾰족한 통신탑이 문장대와 키를 다투고, 컵라면 따위를 파는 간이휴게소가 피난민촌 같은 몰골로 서 있다. 한때 이곳 휴게소는 여관까지 겸해 돈 되는 일이라면 물불 안 가리는 세태를 착실히 반영했다. 30여 년 전쯤에는 문장대를 오르는 철계단을 타는 데에도 돈이 들었다. 철계단 같은 보조 수단이 없이는 도저히 오를 수 없는 곳이 문장대이다.

문장대에 사다리가 걸린 게 언제부터인지는 헤아리기 어렵다. 현재의 철계단은 지난 1970년대에 설치되었다. 그 이전에도 쇠를 박은 철구조물이 있었는데 상이 용사들이 그것을 관리하며 입장료를 받았다. 당시에는 감로수 지점까지 쇠난간이 이어졌다고 한다. 참으로 많은 쇠붙이가 문장대에 꽂힌 셈이다. 지난 1994년에는 혈(穴)을 끊기 위해 일제가 박은 쇠말뚝이 뽑히기도 했다. 감로수 근방에서 발견된 그 쇠침에 대해 지난날 철거된 쇠난간의 나머지라는 이견이 없지 않았지만 명산의 맥을 끊음으로써 민족 정기를 말살하려 했던 일제의 조직적 풍수 침략의 물증으로 세상에 고발되었다.

경업대와 장군수

문장대에서 남서간으로 휘어져 천황봉에 이르는 능선은 속리산의 장중한 어깻죽지에 해당한다. 이 산등성이를 점거한 바윗덩이의 형세는 속리산을 송두리째 바위 성채로 오인시킨다. 우후죽순으로 솟은 첩첩기암의 단애들이 찬연한 병풍을 이루었고 하늘은 더욱 가까워 구름자락이 손에 잡힐 듯하고 솔뿌리 뒤엉긴 웅장한 수음(樹陰)이 짙푸른 산기(山氣)를 내뿜는다. 문수봉과 청법대를 지나면 신선들이 하얀 학을 데리고 놀았다는 신선대가 나타나고 연달아 입석대가 출현하며, 금강골로 빠지는 신선대 아래쪽으로는 경업대가 솟아 있다.

경업대에서는 조선의 영웅적 무사 임경업(林慶業, 1594~1646년)이 기다린다. 속리산이라는 전설의 곳간에 저장된 임경업 항목이 바로 경업대로부터 펼쳐지는 것이다. 충청북도 충추에서 태를 자른 임경업이 속리산에 들어온 것은 "글이야 이름자를 쓸 정도에서 족하고 모름지기 사내란 천하를 경륜할 무예에 통달하는 게 본령"이라는 초 패왕 항우(項羽)의 철학을 입수한 열두엇 나이 때였다고 한다. 속리산을 칼 쓰고 활 쏘는 수련의 도장으로 삼았던 것이다. 전설은 임경업이 독보(獨步)라는 이름의 대사에게 무예를 사사했다고 전한다. 임경업과 독보의 불철주야한 수련의 무대가 바로 경업대이다. 해발 1,000미터의 산정에 곧추 선 입석대는 임경업이 7년 수도 뒤에 기량을 자랑하기 위해 누워 있던 바윗덩이를 일으켜 세웠다는 데서 붙여진 이름이다.

전설이란 두꺼비가 욍자로 변하고 알을 깨고 인산이 태어난다는 식의 황당한 과장으로 포장되게 마련이어서 임경업이 기관차만한 바윗돌을 일으켜 세웠다는 얘기가 그리 수상할 것은 없다. 하지만 입석대 밑창에 철편이 박힌 듯한 흔적을 토대로 사실적인 해석을 갖다 붙이려는 노력은 자못 억지스럽다. 요즘에는 입석대에서 암벽 등반이 이루어지는 듯 꼭대기에 피톤이 박혔다.

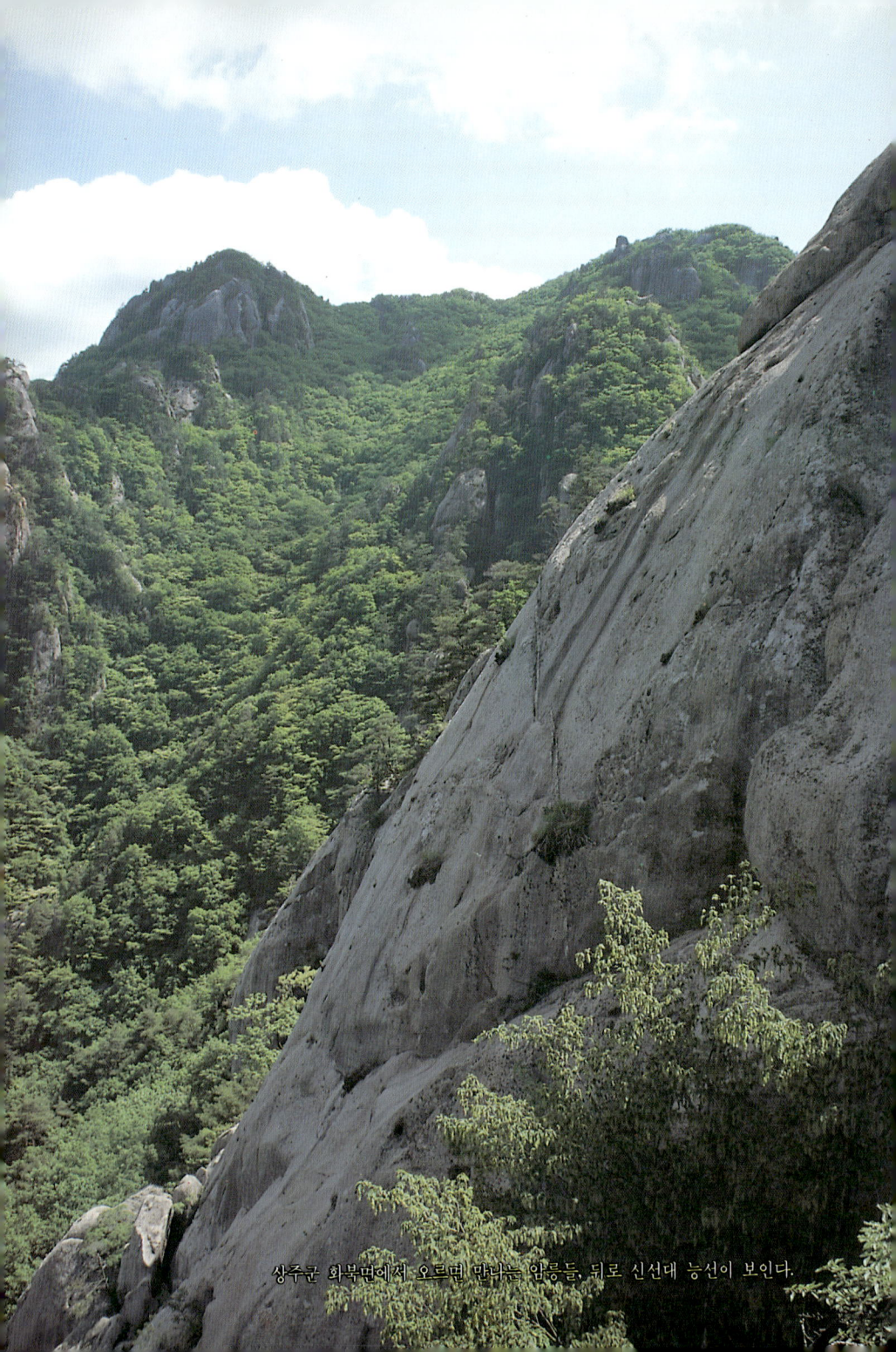

상주군 화북면에서 오르면 만나는 암릉들, 뒤로 신선대 능선이 보인다.

칼을 비스듬히 보기 좋게 메고 바위에서 바위로 뛰어다니며 화살을 날리는 임경업의 용맹한 수련 풍경이 눈앞에 선히 그려지는 경업대 주변 풍경은 실제로 중국 쿵후 영화의 배경을 연상시킨다. 산골짝에서 우수수 올라오는 바람소리만 스칠 뿐 주밀한 적막에 휘감긴 이 산마루는 방랑의 검객이 고독과 우수의 그림자를 드리우고 고요히 바윗부리에 걸터앉기에 걸맞을 그런 심원한 묘경(妙境)을 이룬다. 길은 온통 바윗길이며 물소리는 이미 저 아래에서 그쳤다. 옛날이라면 호랑이 따위의 야수들이 예사로 어슬렁거렸을 이 고독한 산잔등에 찍힌 범 같은 사내 임경업의 전설적 발자취는 잘 맞는 옷처럼 구색이 정연하다.

임경업은 이 산자락에서 토굴을 후비고 살았다. 경업대에서 담배 한 대 태울 짬이면 닿는 관음암(觀音庵)이 바로 그 곳이다. 신라 문무왕 3년(663)에 창건되었다는 관음암이 현재의 모양새로 다시 지어진 것은 지난 1971년인데 임경업이 활개치던 조선 중기엔 폐허나 다름없었다. 관음암은 오늘날에도 '임경업 토굴'로 통한다.

그나저나 관음암 풍경은 기이하고 오묘해서 머리가 지끈거릴 지경이다. 산길에서 외돌아 암자의 입구를 들어서면 사람을 인도하던 길이 갑자기 바위 속으로 들어간다. 희한하게 갈라진 무지막지한 암반의 틈서리가 바로 통로가 되는데 사람 하나가 겨우 지날 정도로 비솝고 그 길이는 대략 30미터에 이른다. 까마득한 벼랑을 따라 이어지는 길을 걸어가면 이윽고 바위 동굴이 나타난다. 협착 무쌍한 이 바위 동굴 근처는 햇볕이 쨍쨍한 한낮에도 땅거미 지는 저물녘처럼 어둑신하다. 임경업이 여기에 토굴을 꾸민 것은 동굴 속에 흐르는 물을 길을 수 있었기 때문일 것이다. 동굴 속 시커먼 바위 틈에서 흘러 나오는 이 신기한 샘물은 장군수(將軍水)로 불린다. 임경업 장군이 마셨던 까닭이다. 불로장생의 약수로 섬겨지는 장군수는 시원달콤해 양치하고 난 후의 개운한 뒷맛을 남긴다.

장군수 바위 동굴을 지나 차곡차곡 쌓인 돌계단을 밟고 오르면 조촐한 기와집인 관음암이 느닷없이 나타난다. 절집이라기보다는 산촌의 예사스런 여염집의 태깔을 가진 이 암자는 남향으로 자리잡고 있어 겨울철에도 햇살을 담뿍 머금고 사람 사는 화사한 온기를 전한다. 손바닥만한 뜨락에 봉선화나 맨드라미가 피고 지는 관음암에는 있는 것보다 없는 것이 훨씬 많다. 전기도 전화도 들어오지 않는 이곳은 속리산 자락의 많은 암자들 가운데 가장 후미지고 적막하다. 그윽한 툇마루를 지닌 이 고요한 산집에는 댓돌 위에 깨끗이 닦인 고무신 한 켤레, 청명한 풍경 소리, 도란거리는 바람 소리, 소담스런 장독대와 뒤집어 놓은 정결한 세숫대야 같은 것들이 있을 뿐이다. 방안에는 눈썹 짙은 젊은 승려나 대바람소리 느껴지는 꼿꼿한 늙은 선사가 태산처럼 무겁게 앉아 있게 마련이다. 봄에 왔다가 여름에 떠나기도 하고, 가을에 앉았다가 겨울에 일어서기도 하는 관음암의 승려들은 머물렀으되 참으로 머문 것이 아닌 고행의 운수납자들인 것이다. 그래 다듬잇돌처럼 생긴 댓돌은 철마다 고무신의 임자를 바꾼다. 맑은 날에도 산골짝 바람 소리 스산하게 달리는 관음암의 교사는 오로지 바람뿐인지도 모른다. 바람 부는 곳에서 왔던 이가 바람 부는 대로 또다시 떠나기 때문이다. 그것이 관음암의 풍정이다.

관음암 벼랑길에서 내려다본 속리산은 장엄한 숲의 바다이다. 밀생한 온갖 수목들이 발 아래에서 파도처럼 일렁거린다. 이 나무의 파도는 금강 계곡(금강산의 풍치에 버금간다는)에서 곤두박질한다. 관음암의 슬하에 사는 금강골의 위력은 실로 수해(樹海)의 율동을 감독하는 계곡 바람의 눈동자를 장악한 데서 찾아진다. 금강골은 그만큼 깊고 삼엄하다. 그래 사시사철 바람이 말처럼 달린다.

관음암에서 전망 좋은 자리는 뒷간이다. 얼기설기 송판으로 짜맞춘 뒷간의 휑한 벽 틈으로 들어오는 금강골 조망은 자못 이색적인 감흥을 자아낸다. 아스라한 벼랑 끝에 매달린 이 아담한 뒷간에서 용무를 보면 배설된 물건은 곧추 금강골 산골짝까지 굴러 내려간다. 허공 위에 뜬 뒷간치고는 참으로 걸작이다.

은폭(隱瀑)의 비밀

속리 육체의 본격적인 탐승이 시작되는 기점인 세심정 휴게소에서 오른쪽으로 굽은 등산길로 가면 천황봉에 빠르게 닿는다. 이 길목에 만발한 것은 조선 왕가의 사화와 전설이다. 비온 뒤에도 넉넉한 물길을 모을 줄 모르는 다소 척박한 계곡과 함께하는 이 등산로의 들머리 오른편에는 태봉(胎峰)이라는 천황봉의 어린 아들이 야트막하게 솟았다. 이 민틋한 산자락에는 조선 23대 집권자인 순조(純祖)의 태실(胎室)과 태실비(胎室婢)가 있다. 정조의 둘째 왕자로 태어난 순조의 탯줄을 이곳에 묻었는데 순조 즉위 뒤에 석물을 꾸미고 '주상선하태실(主上殿下胎室)'이라는 문구를 새긴 빗돌을 세웠다.

8각형의 석조 울짱 안에 안치된 부도 형태의 순조 태실은 속이 텅 비어 있다. 1927년 일제의 조선총독부가 탯줄 담긴 항아리를 서울로 옮겨 간 까닭이다. 그것은 조선 왕가를 훼손하려는 상징적이고도 조직적인 작태였다.

태봉의 지척에는 신라 성덕왕 19년(720)에 창건된 것으로 전하는
상환암(上歡庵)이 들어앉아 있다. 6·25 난리 통에 잿더미로 변한
것을 1963년에 다시 지은 이 절집의 휑뎅그렁한 풍경을 그나마 덜
어 주는 것은 원통보전과 3층석탑이지만 이것들도 근년에 조성된
구조물들이다. 하숙밥을 먹는 고시생이 틀어박히기도 하는 상환암
의 분위기는 절집으로서는 산만하고 건조한 편이지만 이 암자 일대
엔 조선시대 세 왕의 흔적이 전한다. 조선의 창업자 이성계가 혁명

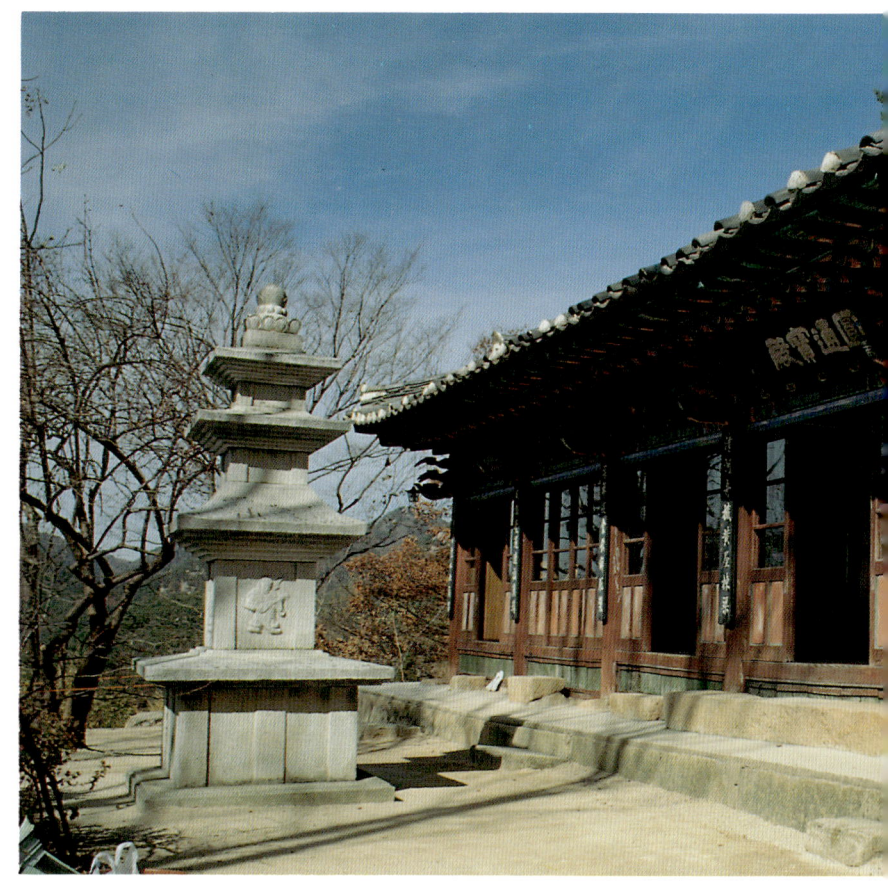

의 칼자루를 뽑기 직전, 그러니까 고려 공민왕 3년(1391)에 이곳에서 기도를 올렸다고 한다. 정치와 학문과 문화에 두루 밝았던 위대한 군왕 세종(世宗) 또한 이곳에 7일을 머물며 법회를 주관했다. '크게 기쁘다'는 '上歡'의 이름패는 선왕 이성계의 행적을 다시 밟게 된 세종이 기꺼운 심회에서 떠올린 작명이라고 한다. 이것은 민간에서 떠도는 얘기로 실제적 고증을 거친 것은 아니다.

상환암의 바로 맞은편 계곡가에는 2층으로 턱이 진 학소대(鶴巢

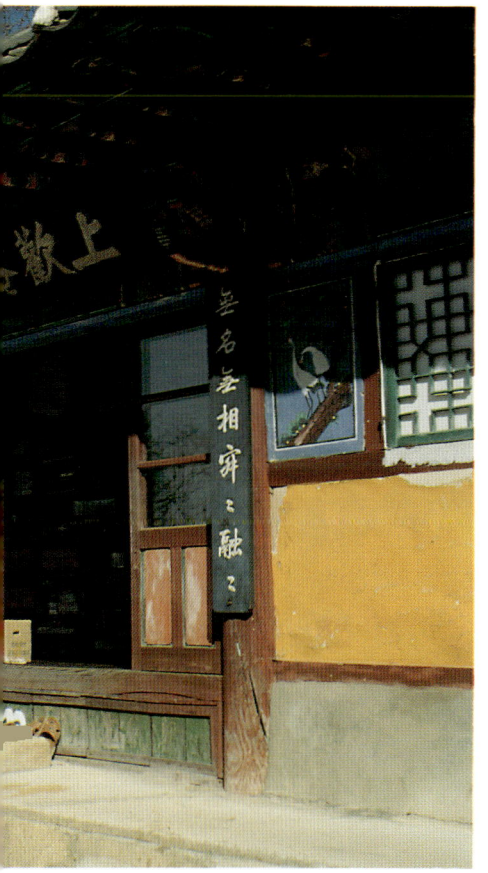

상환암 이 암자 일대엔 조선시대 세왕의 흔적이 전한다. 상환(上歡)이란 이름은 선왕 이성계의 행적을 밟게 된 세종이 그 기꺼운 마음을 가리켜 붙인 것이라고 한다.

臺)가, 그 아래편엔 세조가 목욕했다는 은폭(隱瀑)이 숨겨져 있다. 말하자면 은폭은 목욕소와 함께 세조가 애용한 속리산의 2대 노천탕인 셈이다. 이에 얽힌 전설이 참으로 재미있다. 학들이 모여 사는 학소대에서는 늘상 학똥이 떨어져 목욕하던 세조의 머리를 맞췄다. 그래 신하들이 바위 차양을 매달았다고 하는데, 은폭 위에 걸린 넓적한 바위 형세가 전설을 그럴싸하게 만들어 준다.

조선 중기의 거유(巨儒) 우암(尤庵) 송시열(宋時烈, 1607~1689년)은 속리산을 여러 차례 드나들었다. 법주사 입구에는 속리산의 내력을 새긴 속리산 사실기비(俗離山事實記碑)가 있는데 바로 우암이 비문을 지었다. 속리산 예찬에서 시작해 세조의 왕림 사실과 몇 가지 전설들을 기록한 이 비문에서 우암은 성리학적 입장에서 당시의 민간신앙과 전승 설화들을 비판하기도 했다.

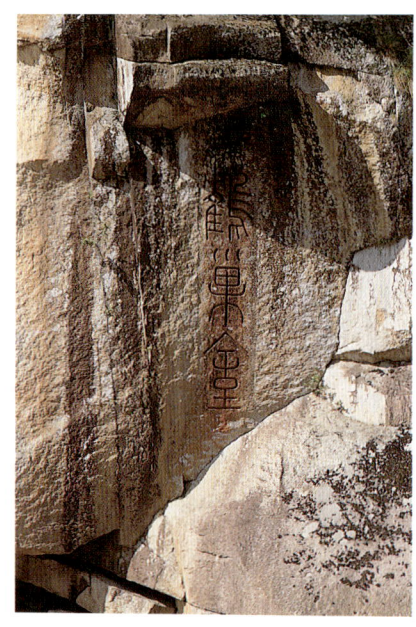

암벽에 새겨진 '학소대' 글씨(왼쪽)

학소대 전경(옆면)

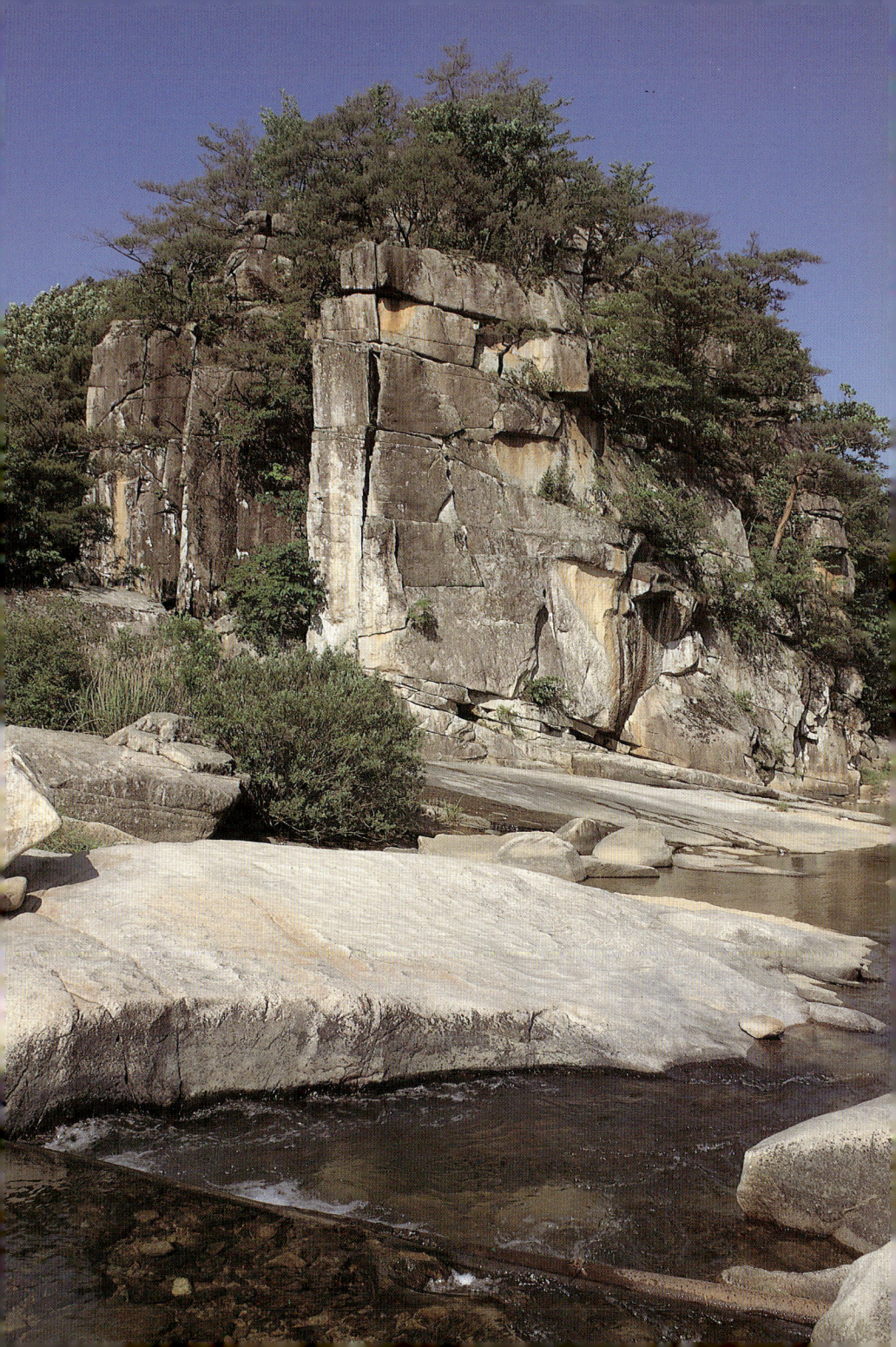

물이란 찰찰 흐르는 것이련만
너는 어찌 돌 속에서 우는가
두려운 건 사람의 발 씻길 일이라서
모습을 감춘 채 소리만 낸다네

洋洋爾水性　　何事碑鳴
恐濯塵人足　　藏踪但流聲

　우암의 다소 싱거운 시구에서도 나타나듯이 은폭은 모습을 감춘 물길, 이름 그대로 숨은 폭포이다. 바위 동굴 깊은 곳에서 물줄기가 흘러내려와 설핏 지나치면 그저 물소리만 들릴 뿐이다. 은폭이 속리산이라는 미인의 옥문으로 여겨지는 이유가 바로 여기에 있다. 극히 은밀한 곳에 숨어 물길을 흘리는 은폭은 위치로도 속리산의 국부에 해당된다. 그렇다면 은폭에 들어가 물을 마시거나 먹감는 일은 곧바로 속리 육체와의 가장 지고한 결합이 되는 셈이다.

　한편 옛사람들은 은폭을 유토피아에 이르는 출입구로 여겼던 것 같다. 은폭 동굴 너머로 무릉도원을 꿈꾸었던 것이다. 은폭에서 걸어나와 홀연히 사라진 기인(奇人), 또는 은폭 속으로 흔적 없이 스며든 이인(異人)의 설화는 은폭의 별유천지를 그리는 옛사람들의 환상과 낭만의 산물이다. 그것이 속리산에 임하는 옛사람들의 방식이었다. 티끌과 진흙 속의 세상살이에 상처 입은 영혼의 소유자라면 누구나 속리산의 유연한 경개에 이르러 아름다운 연꽃 세상의 몽상에 젖어 들고 만다. 은폭의 백일몽 같은 유토피아에 대한 희구는 황당할지라도 속리산에 의탁한 사람들이 지닌 꿈과 상상력의 높이를 짐작케 한다.

수정봉과 목잘린 거북바위

　문장대의 사자 머리를 딛고 서면 세상이 발 아래로 보인다. 이때 문장대는 세상의 전망대이다. 그렇다면 속리산의 동체를 한눈에 쓸어 담을 전망창은 어디일까. 그것은 수정봉(水晶峰)이다. 해발 566미터의 이 아담한 멧부리는 곧장 법주사 청동 미륵대불의 배경을 이룬다. 청동 미륵대불의 정면을 응시하던 눈길을 조금만 움직이면 눈동자 가득 와락 안기는 송림 산자락이 바로 수정봉이다.

　속리산의 주봉들로부터 외떨어져 주저앉은 수정봉은 일부 사람들로부터 괄시받는 외톨박이다. 이 산에 오를 등산로마저 법주사 경내를 지키는 철책에 의해 가로막혔다. 그러나 수정봉은 속리 연봉을 싸잡아 노려보는 형세여서 속리산의 진면목을 한꺼번에 감상할 수 있는 최고의 전망대이다. 또 하나의 전망대는 정반대 편인 상주시 화북면 시어동의 앙산(央山, 545미터) 꼭대기에 있는, 후백제의 견훤(甄萱)이 쌓았다는 견훤산성이다.

　속리산은 활처럼 휘어진 주능선의 양편에 이처럼 두 개의 전망창을 열어 놓았지만 호(弧)의 안쪽에 위치한 수정봉이 한결 윗길이다. 수정봉 꼭대기에 들어선 팔각정으로 지어진 산불 감시탑은 그 이상적 위치로 속리산 경개를 한눈에 넣을 전망탑으로 적합하다. 사진작가의 렌즈 속처럼 화면의 공간 분할은 오묘하고 웅장하다. 푸른 나무의 바다가 화면의 하부를 채우고 장중한 바위의 톱날 능선이 그 위를 타고 누른다. 그리고 하늘, 구름, 나는 새가 화면의 상부를 점유한다. 속리의 대자연이 펼치는 장엄한 대제전이 한 폭의 심원한 그림으로 다가오는 것이다. 수정봉의 캔버스 안에서는 속리산의 모든 물상이 일순간 정지되어 구상인가 하면 추상이 되고, 공간인가 하면 평면이 된다. 속리산의 풍경을 가벼운 그림엽서쯤으로 깔보는 것은 실로 어리석은 짓이다. 속리산의 교향악적 풍치는 웅혼하고 아름다울 뿐이다.

'수정'이라는 예쁜 이름은 이 멧부리에 수기(水氣)를 불어넣고자 붙였다. 남서쪽으로는 남산(南山, 637미터)이 가까이 마주하고 있는데 남산은 화기(火氣)가 진동하는 산이다. 일단 남산에 불길이 솟으면 그것은 곧 목조 건물 투성이인 법주사의 재앙으로 번질 가능성이 높다. 그래서 법주사 승려들은 수정이라는 이름을 지어 붙여 화기에 대응할 수기를 북돋으려 했다.

수정봉이 영락없는 속리산의 자손임은 이 산 역시 온통 바윗덩이로 철갑을 한 데서 알 수 있다. 산꼭대기를 도배질한 바위는 남동사면 모퉁이에 이르러 수염처럼 흘러내린다. 바위 틈서리에는 비바람에 늙을수록 굳세어지는 소나무들이 굽은 채로 견딘다. 사람의 발길을 피해 으슥한 숲에서 사는 새들이 많은 것으로 보아 수정봉이 의외로 인적 끊긴 산잔등인 것을 알 수 있다. 얼마나 커다란 번데기를 꺼내려는 것인지 숯제 방망이로 두들기듯 온종일을 뚝딱거리며 나무 둥치를 쪼아대는 딱따구리도 흔하다.

수정봉 정상부에는 너럭바위를 타고 앉은 거북이 모양의 바위가 있다. 이것이 거북바위이다. 열 사람쯤이 올라 앉을 수 있는 거북바위는 목에 콘크리트 깁스를 한 흉한 모습인데 떨어졌던 머리 부위를 다시 이어 붙인 것이다.

옛날 당나라 태종(太宗, 598~649년)이 세수를 하려다가 세숫물에 비친 거북이 형상을 보아 기이하게 여겨 도사를 불러 이치를 따졌다고 한다. 이에 도사는 동국(東國:한반도)이 당의 재보를 앗아갈 조짐이라며 동국땅을 수색해 거북 모양의 물형을 파괴할 것을 간했다. 태종은 그대로 따랐다. 그렇게 해서 수정봉의 거북바위 머리가 당의 칼에 당했다는 것인데 당시 거북의 목에서는 붉은 핏줄기가 솟았다 한다. 당나라 사람들은 거북바위의 목을 벤 뒤 그 부근에 석탑을 쌓아 철저히 맥을 눌러 버렸다고도 전한다. 현재 이 일대에는 주춧돌로 썼을 법한 석대(石臺)들만이 자리를 지키고 있다. 거북바위의 목 자르기가 중국 명(明)나라 무장으로 임진왜란 때 원병을 이끌고 조선에 나타났던 이여송(李如松, ?~1598년)에 의해 자행되었다는 얘기도 있다.

문장대에서 뽑혀 나온 일제의 쇠말뚝과 함께 거북바위의 훼손 설화는 속리산에서 저질러진 외세의 풍수적 만행을 보여 준다. 속리산 자락의 노인들은 묘봉, 신선대 그리고 수정봉을 비롯한 속리산 일대의 많은 명당터가 일제에 의해 쇠침의 세례를 받았다고 주장한다. 입석대의 밑바닥에 깔렸다는 쇠붙이 역시 맥 끊기의 물증이라는 주장도 있다.

산과 물을 살아 움직이는 생명체로 파악하는 게 동양의 전통적 산수관이다. 설화나 전설 속에서 벌어지는 무생명체의 신기한 생명 현상은 이 같은 자연관을 고스란히 반영한다.

설화 속에서 수정봉의 걸방바위는 심지어 여행길에 나서기도 한다. 이 바위의 내력은 설악산 울산바위와 닮았다. 금강산 일만이천봉을 모집할 때 금강산을 향해 가다가 경치 좋다는 속리산에 잠시 들러 그 길로 눌러앉아 속리산의 식솔이 되었다는 바위, 그것이 바로 걸망바위의 설화이다. '떨어져 온 바위'라는 뜻의 추래암(墜來岩)이 지닌 이력서 역시 가관이다. 애당초 수정봉 꼭대기에 살던 이 바위는 멋대로 싸돌아다니다가 산신의 노여움을 사 수정봉 아래로 걷어차였다고 한다. 이를테면 괘씸죄에 걸린 셈이다.

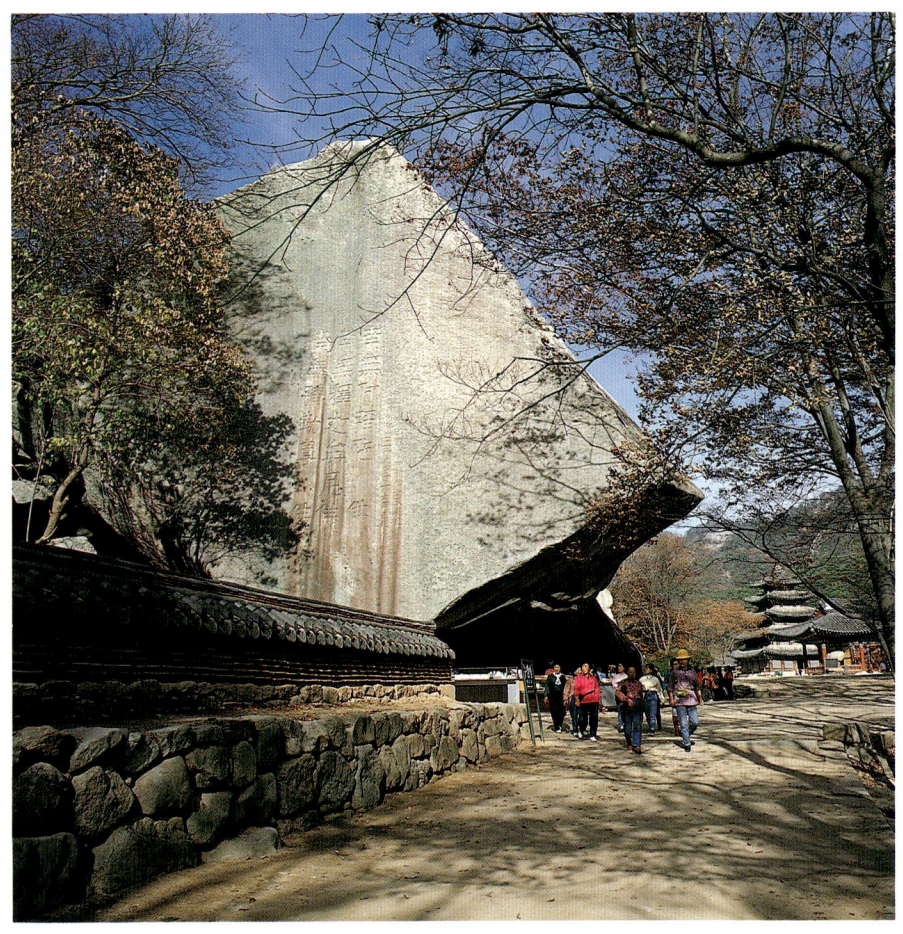

추래암 애당초 수정봉 꼭대기에 살던 이 바위는 멋대로 싸돌아다니다가 산신의 노여움을 사 수정봉 아래로 걷어차였다고 한다. 그래서 '떨어져 나온 바위(墜來岩)'란 이름이 붙었다.

법주사의 금강문을 들어서면 경내의 바로 서편으로 바라보이는, '나무아미타불(南無阿彌陀佛)'이라는 글귀를 몸에 지니고 묵상에 잠긴 선사의 표정으로 서 있는 거창한 바윗덩이가 바로 추래암이다.

속리산 국립공원

속리산은 1970년 3월 24일 건설부 고시 제283호에 의해 국내에서 여섯 번째 국립공원으로 지정되면서 국가의 보호 안에 들게 되었다. 이렇게 지정된 속리산 국립공원은 실제 속리산보다 훨씬 넓다. 속리산은 속리산 국립공원을 구성하는 주요 부위에 해당할 뿐이다. 군자산(948미터), 가덕산(857미터), 대야산(931미터) 같은 높다란 여러 산들이 속리산 국립공원의 영토에 함께 거주하는 것이다. 충청북도 괴산군의 화양과 쌍곡, 그리고 경상북도 문경시의 가은땅 일부를 끌어안은 속리산 국립공원의 땅덩이는 283.4평방킬로미터에 이른다. 처음 국립공원의 팻말을 붙일 때는 속리산 자체의 범위에만 한정한 60평방킬로미터에 불과했다. 그러나 1971년에 보은군 외속리면과 상주시 화북면 일부를 포함해 105평방킬로미터로 몸을 불렸고, 다시 1984년 12월에 화양동 도립공원까지 끌어당겨 지금 같은 울타리를 휘감게 되었다. 이처럼 원래 속리산에 비해 거의 다섯 배에 이르는 속리산 국립공원 안에는 점점이 박힌 마을들과 아스라한 들판까지 포함되어 있다.

화양동 도립공원을 속리산 국립공원에 내준 괴산 사람들이 일종의 박탈감을 토로하는 데에서 알 수 있듯 속리산 국립공원의 범위가 편의적으로 설정되었다는 느낌이 없지는 않다. 공원의 전체적인 모양새를 보더라도 속리산을 중심으로 둥글게 확대된 꼴이 아니라 뒤집힌 S자(字) 모양으로 길쭉하게 휘어진 하부에 속리산이 놓였다. 그렇지만 속리산은 으뜸가는 봉우리와 그 잘난 산세로 뭇 산들을 향도한다. 그래 속리산이라는 중앙부로 주변의 많은 멧부리들이 아무리 감겨 들어도 무방하다. 공원 안에 포진한 소백산맥의 숱한 형

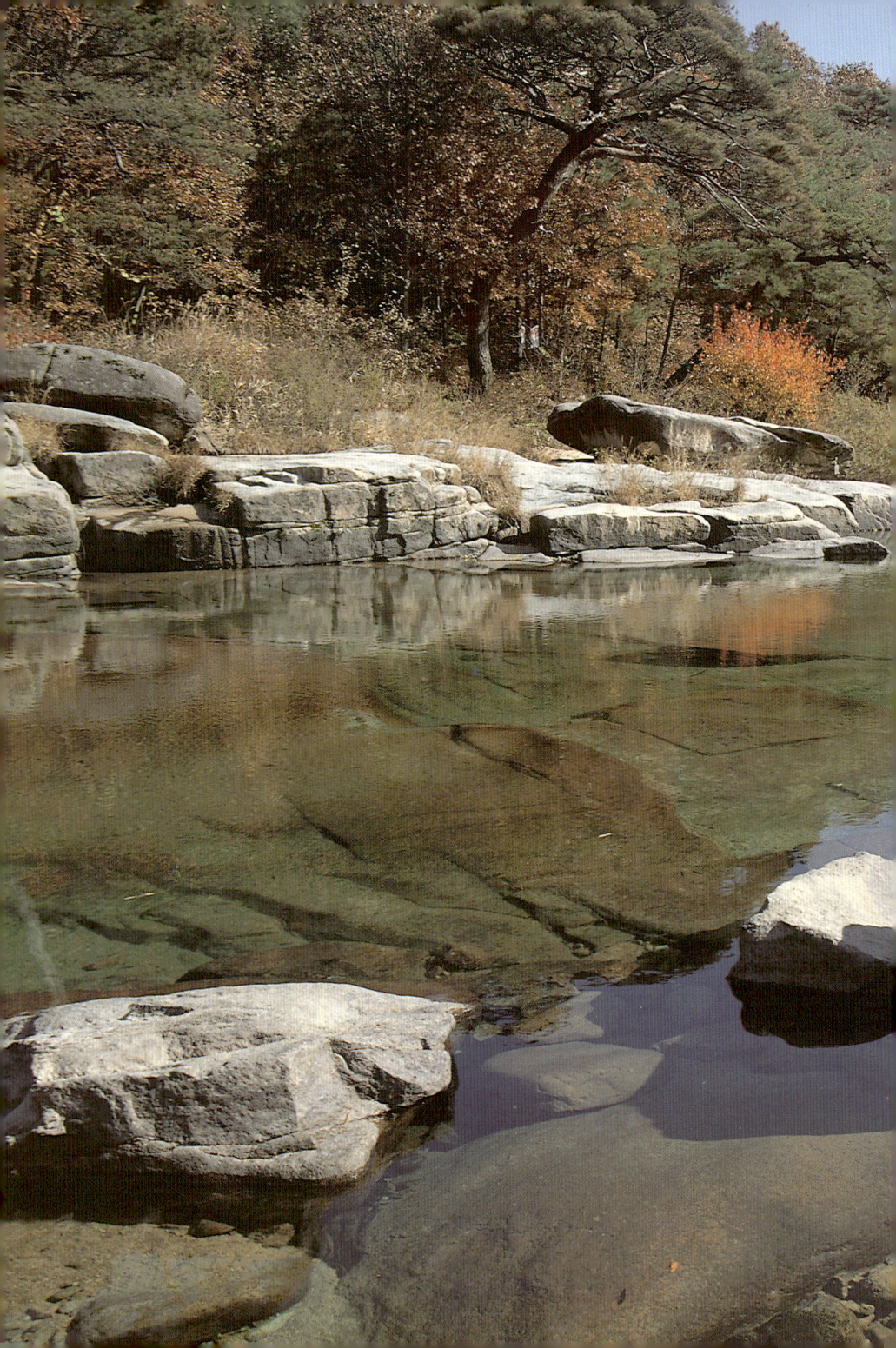

화양동 계곡 흔히 금강산 만폭동에 견주어지는 화양동 계곡은 기괴 무쌍한 암반들이 만들어 낸 풍치를 자랑한다.

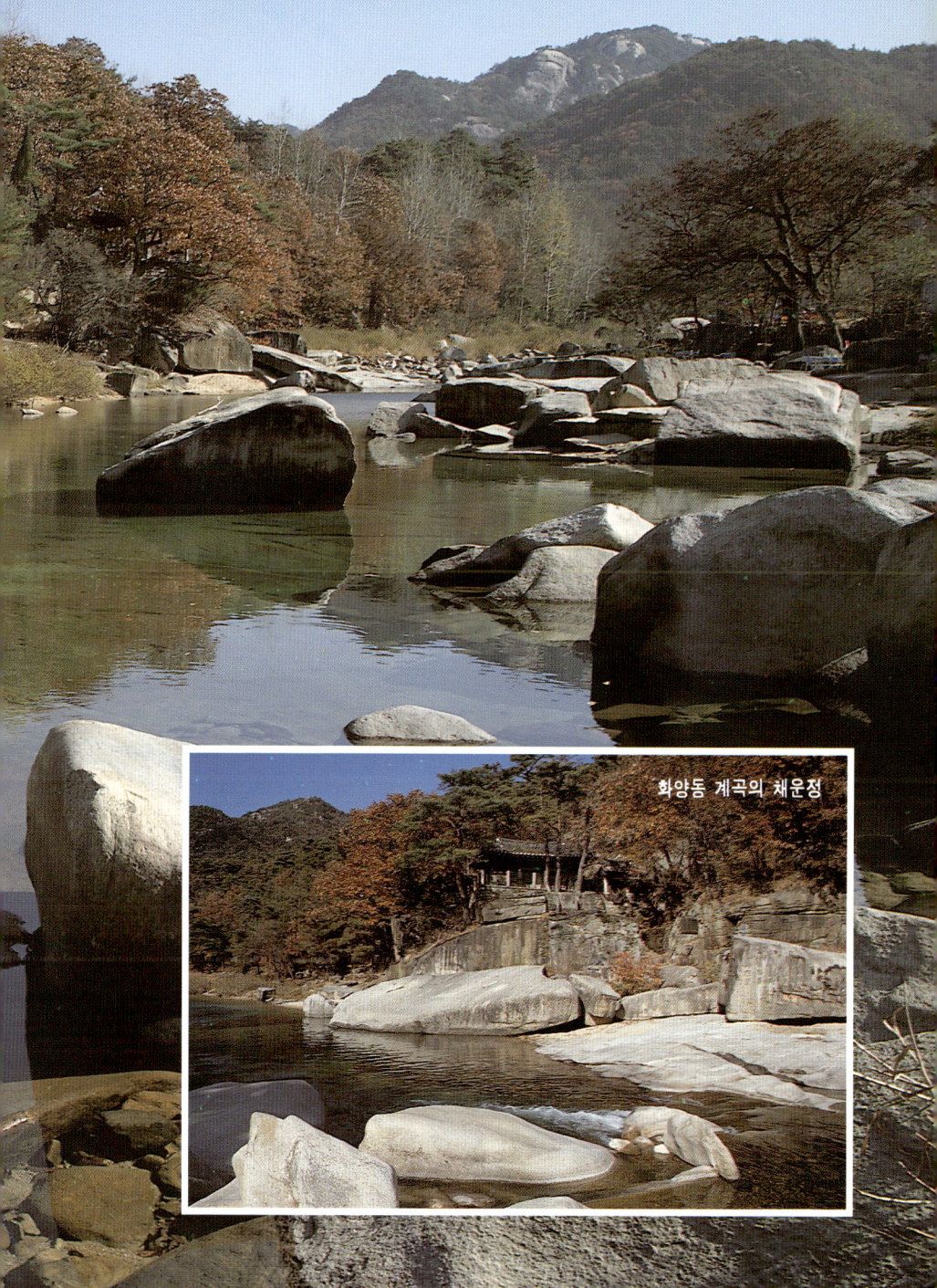

화양동 계곡의 채운정

제들 가운데 속리산은 실로 장형(長兄) 격이다. 속리산 둘레에 탯줄을 두었다는 이유만으로 뭇 산들은 속리산의 아우가 되고 아류가된다. 그렇기에 수고스럽게 찾아 헤매지 않더라도 속리산 국립공원에서는 참다운 자연 경관을 맘껏 만끽할 수 있다. 모든 산과 물줄기가 속리산의 아름다운 유사품이기 때문이다.

곳곳에 자리잡은 절집들, 흩어진 역사 유산, 싱그러운 설화들도결국은 속리산권의 문화 현상으로 정리할 수 있다. 우암 송시열이속리산과 화양동을 앞뒷집인 양 드나들었듯 속리산의 테두리는 죄속리산과 섞인다. 그렇다면 속리산 국립공원 안에 속리산이 있다기보다 속리산 속에 국립공원이 걸쳐 있다고 할 만하다.

속리산과 쌍벽을 이룰 만한 산골짝은 화양동(華陽洞) 계곡이다.괴산군 청천면 화양리에 등기를 낸 이 계곡은 화양천 일대에서 생성된 괴상한 암반들로 가득하다. 풍치를 논할 때마다 금강산을 들먹이는 것처럼 상투적인 게 없지만 화양동은 흔히 금강산 만폭동에견주어졌다.

속리산 천황봉에 떨어진 빗물은 한강, 금강, 낙동강을 이루는데화양동을 가르는 화양천은 바로 속리산에서 발원한 한강 수계에 속한다. 이 물길은 속리산을 여행한 뒤 괴산군 청천면 이평리로 들어와, 문경시 가은에서 태어난 관평천과 송면리에서 합류해 달천으로들어가는, 길이 10.5킬로미터의 남한강 최상류이다.

화양천이 푸르게 구르는 화양 계곡에는 송시열이 중국의 무이구곡(武夷九曲)을 모방해 이름지었다는 화양구곡(華陽九曲)이 숨겨져있다. 눈여겨볼 만한 아홉 가지의 경승을 뽑은 것이다. 그 가운데서1곡은 화양 계곡의 보초병인 경천벽(擎天壁)이라는 층암 절벽이다.송시열이 글 솜씨 자랑 삼아 '華陽洞門'이라고 대문짝만한 글귀를 쪼아 새겼다.

2곡은 운영담(雲影潭)이라는 호수처럼 맑은 개울을 말하며, 3곡은 송시열이 효종(孝宗)의 승하 때 엎드려 통곡했다는 읍궁암(泣弓岩)이다. 송시열의 별장이자 공부방이었던 암서재가 오래 된 소나무와도 같은 단정한 영상으로 물 위에 그림자를 드리운 금사담(金沙潭)은 4곡, 별을 쳐다보기에 좋은 첨성대(瞻星臺)는 5곡, 구름 뚫는 바위라는 능운대(凌雲臺)는 6곡이다. 그 밖에 와룡암(臥龍岩), 학소대(鶴巢臺), 파천(巴串)이 7, 8, 9곡을 이룬다.

화양동은 송시열의 체취가 진동하는 곳이다. 1607년 충북 옥천땅에서 태어난 송시열은 그가 가르쳤던 봉림대군이 효종이라는 이름으로 왕위에 오르면서 벼슬길로 줄달음치기 시작했다. 병자호란 때왕자의 몸으로 볼모되어 끌려갔던 효종은 즉위와 함께 북벌을 꿈꾸었다. 이때 이마받이하며 더불어 의논한 이가 송시열이었다. 효종을이은 현종(顯宗)도 송시열을 크게 써 좌의정까지 올랐다. 그러나 당쟁의 권력 투쟁 속에서 승리와 패배를 번갈아 체험한 송시열은 급기야 정치판을 하직하고 화양동에 들어박혔다. 화양동에 있던 송시열은 1689년 왕세자 책봉을 반대하는 상소를 올려 숙종(肅宗)의 진노를 사 제주도로 유배되어 짧은 기간이었지만 그 곳에서 적잖이종족을 퍼뜨렸다. 이 거대한 노론(老論)의 우두머리는 정읍땅에서사약을 받고 세상의 바깥뜰로 떠났다.

송시열이 죽은 7년 뒤, 화양동에는 송시열을 사액(賜額)한 화양서원이 들어섰다. 이때부터 화양동은 정치적 불나방떼들의 소굴로둔갑하였다. 이 무렵의 서원이라는 것이 정치 투쟁과 폭력으로 점철된, 권력 행사를 일삼는 사론(士論) 세력의 온상이었지만 그 가운데서도 특히 화양 서원의 맹폭한 위세는 가히 살인적이었다. 황현(黃

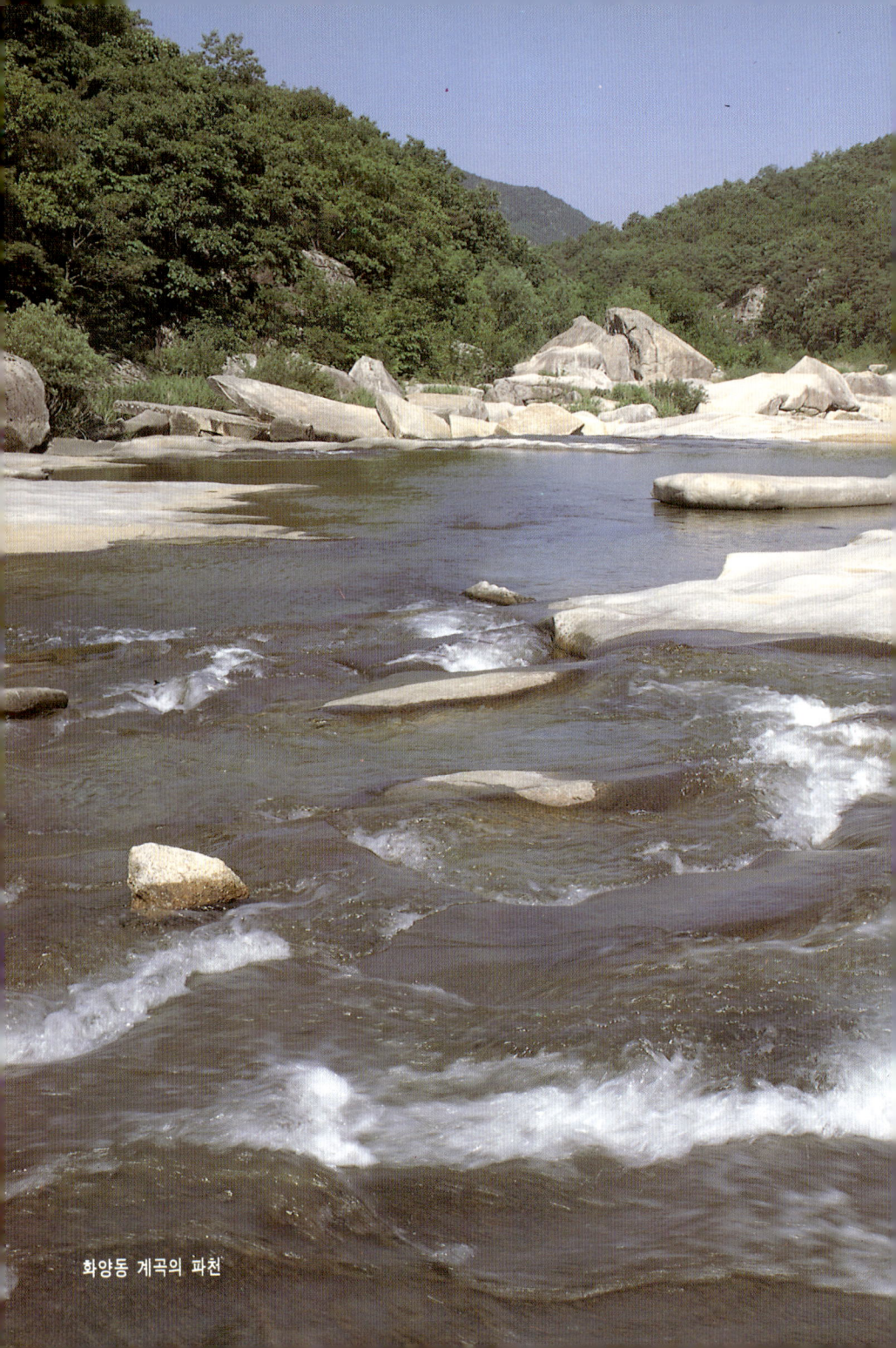

화양동 계곡의 파천

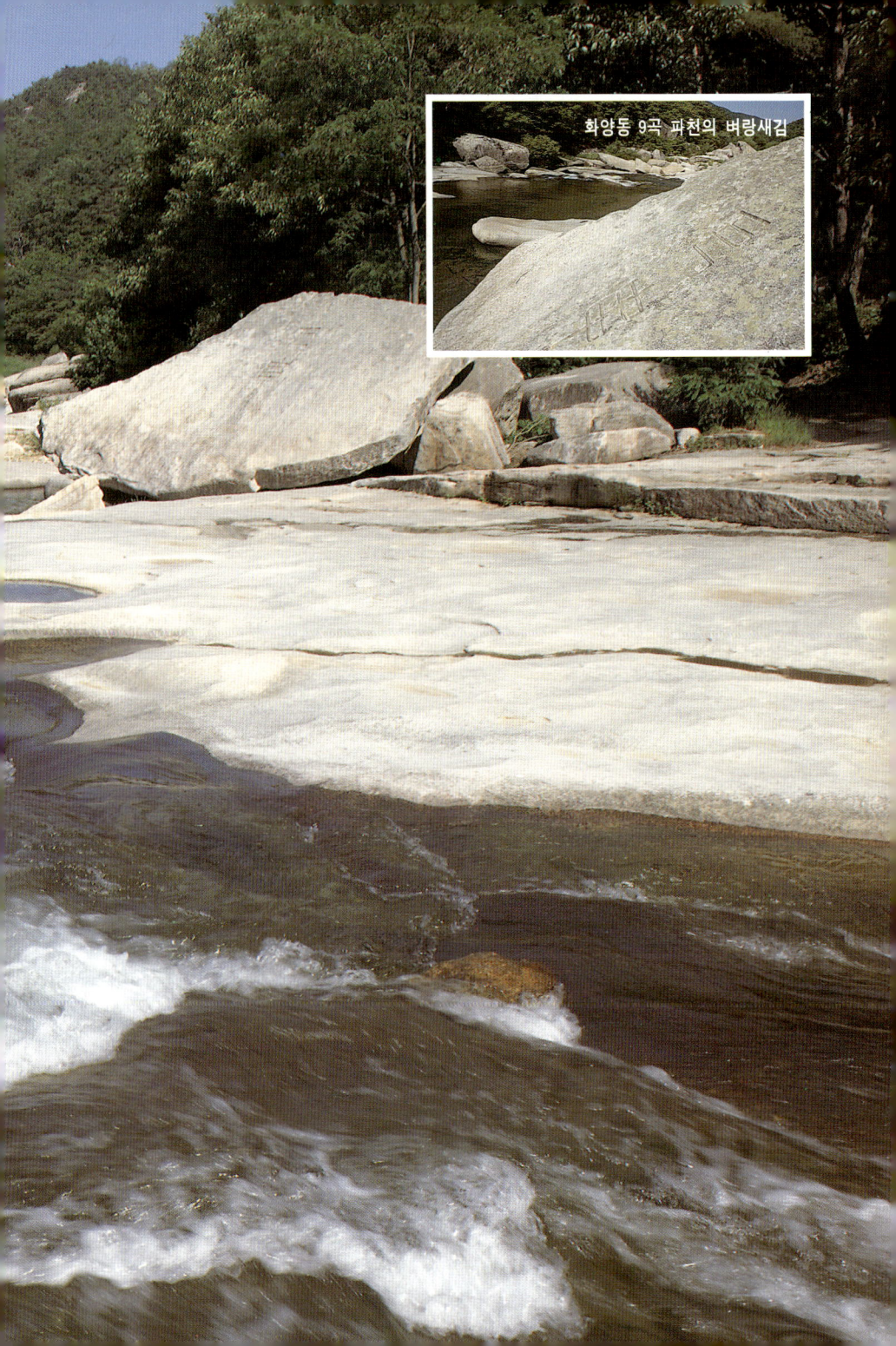

화양동 9곡 파천의 벼랑새김

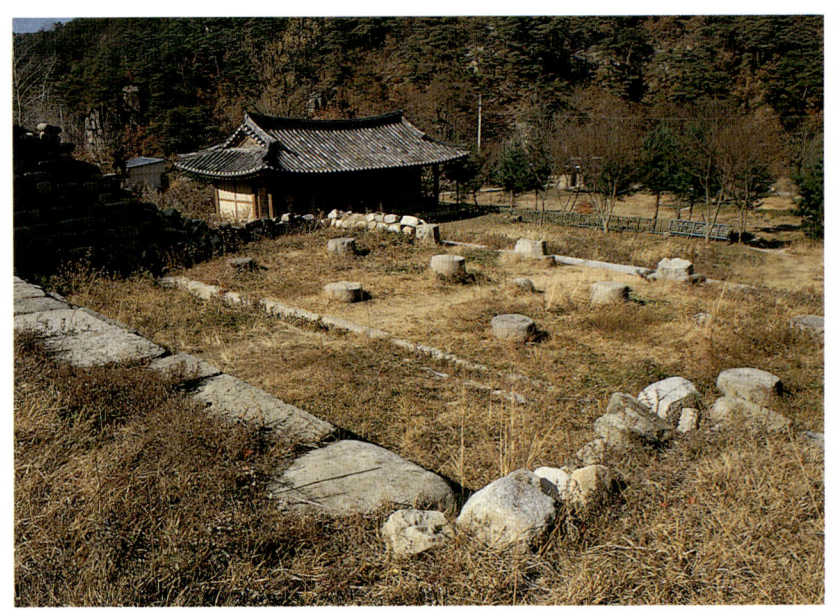

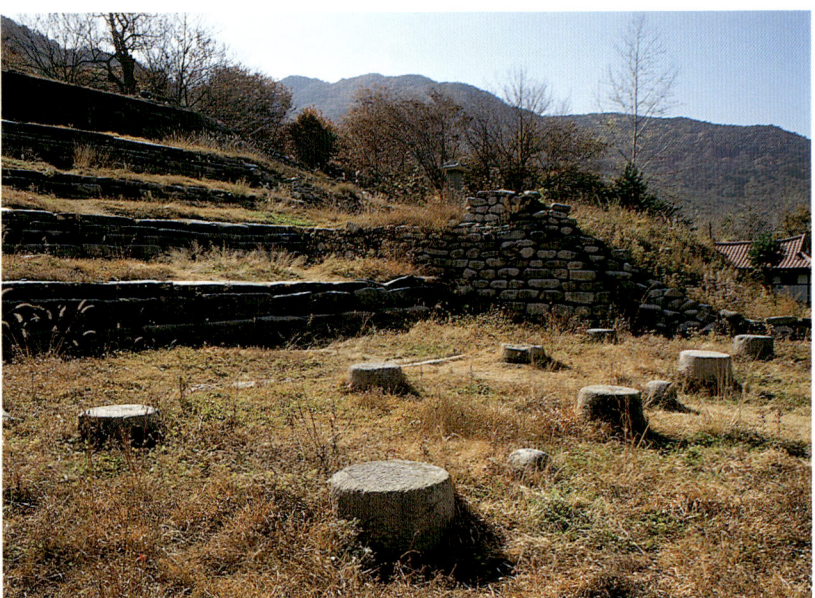

화양 서원의 옛터 우암 송시열을 사액한 화양 서원은 정치 투쟁과 폭력으로 얼룩진 그 당시 서원의 폐해를 극명하게 드러내 백성들로부터 원성을 들었다.

玹, 1855~1910년)이 『매천야록(梅泉野錄)』에서 고발했듯, 화양 묵패 (墨牌)라는 일종의 협박장을 남발해 지방의 수령방백 따위는 아예 무시하고 평민들의 고혈을 악랄하게 빨아 먹었다. 황현은 화양 서원 의 독충들을 '평민들의 가죽을 뚫고 골수를 빨아먹는 남방의 좀'이 라고 적었다. 어느 정도였냐 하면 대원군(大院君)이 화양 서원에서 말(馬)을 내리지 않고 진입했다 해서 서원의 유생들에게 패대기질 을 당하기까지 했다. 이 사건은 대원군이 서원 철폐령을 실시하는 빌미를 제공하는 한편 대원군이 죽을 때까지 "기생은 평안도 기생 이 악질이고 사대부는 충청도 사대부가 가장 악질"이라는 악담을 입에 달고 다니게끔 만들었다.

화양 서원의 난폭한 권력은 바로 근처에 조성된 만동묘(萬東廟) 라는 사당에 비하면 그래도 수수한 편이었다고 한다. 만동묘는 임진 왜란 때 전쟁을 도운 명나라 신종(神宗)을 추모하는 사당으로 이 역시 송시열의 머리에서 나온 것이다.

이 사당에 기생한 유생들은 대략 그 160여 년 동안을 조정의 특 별 대우를 받으며 불철주야 권력을 기르고, 그 권력을 남김 없이 시 험했다. 만동묘는 고종(高宗) 2년(1865)에 대원군에 의해 일단 철폐 되었다. 그러나 유생들이 벌떼처럼 들고 일어나 대원군이 몰락한 고 종 11년(1874)에 부활하고 1942년 일제에 의해 다시 쓸렸다. 지금은 화양 서원이 빗돌 하나로만 남아 있듯 만동묘 역시 묘정비(廟庭碑) 라는 비석만이 폐허가 된 옛터를 지키고 있다. 화양동주(主)로 불린 송시열은 화양동에서 다소 떨어진, 늙은 소나무 가지에 둥지를 튼 수백의 왜가리들이 와글거리는 청천면 청천리의 한 산자락에 높직 한 흙집을 짓고 누워 있다.

화양 계곡에 바짓가랑이를 적시는 멧부리는 도명산(道明山, 642미터)이다. 사람들에게 그다지 많이 알려지지는 않았지만 도명산은 기묘한 곳이다. 이 산의 정상부는 온통 너럭바위로 뒤덮여 속리산의 축소판을 방불한다. 도명산의 이채로운 명소는 마애삼불입상(磨崖三佛立像, 충청북도 유형문화재 제140호) 부근이다. 정상부의 남서쪽에 기립한 바위 성채의 한 암벽에 선각된 3점의 마애불상은 가장 큰 것이 14미터나 된다. 암벽 속에 숨겨진 황금탑 때문에 불사가 이루어졌다는 전설이 전하는 이 불상은 고려 초기의 석수장이가 빚은 것으로 추정된다.

그런데 마애불 일대는 현란한 무속(巫俗)의 장터이다. 사람들은 우주 삼라만상이 죄다 영혼을 가졌다고 믿어 왔다. 따라서 천지, 일월, 성신, 풍우에서부터 산천, 암석, 식물에 이르기까지 수많은 자연물이 숭배의 대상이었다. 이 같은 애니미즘(정령신앙)은 기계적인 사고로 우주를 파악하는 현대에도 인류사의 침전물로 가라앉지 않고 현실의 일각에서 여러 가지 인간사에 간여한다. 도명산은 바로 애니미즘의 성지이다. 대구 팔공산 갓바위, 부산 금정산 고당봉, 단군 성전이 있는 태백산, 파주 적성산 등지와 마찬가지로 도명산에는 영명한 신수를 구하려는 기도자의 무리들이 줄을 잇는다.

도명산이 간수한 '신의 형상물'은 마애삼불입상인가 하면 바윗덩이 그 자체이기도 하고 바위 속에서 솔솔 솟는 용천샘이기도 하다. 특히 용천샘은 숭배의 대상으로 섬겨졌다. 기도자들의 움막은 주로 용천샘 부근에 집중되어 있다. 산꼭대기 바위에서 솟구치는 이 이상한 샘물은 부정을 타거나 나라에 변고가 생길 때는 뒤집어지거나 소멸하거나 핏물로 변한다는 게 숭배자들의 믿음이다. 결국 도명산은 산신신앙과 암석신앙, 미륵신앙, 수신신앙이 정교하게 결합한 형국으로 무속의 화려한 장터라 부를 수 있다. 그래서 무당을 비롯해

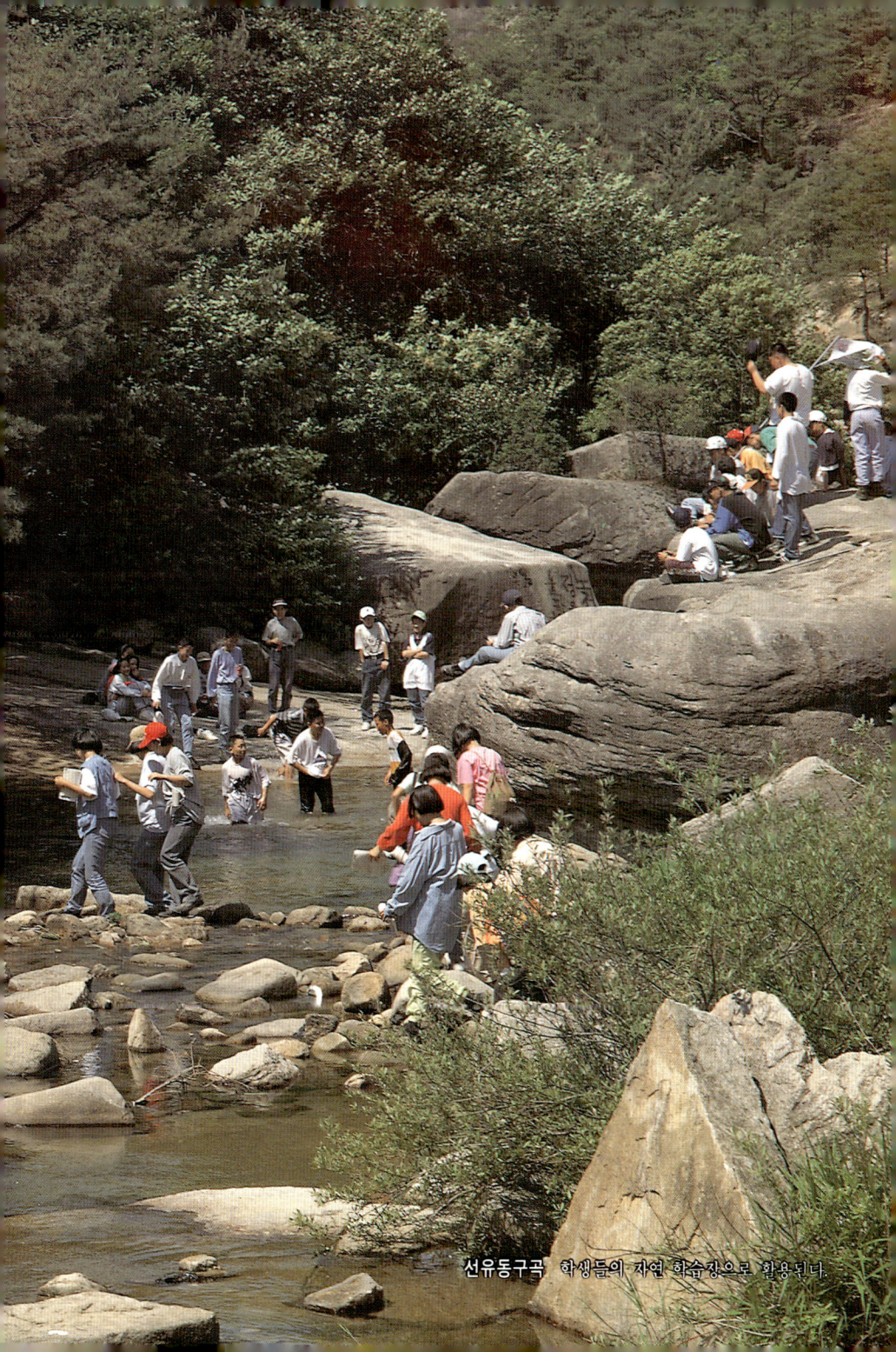

선유동구곡 학생들의 자연 학습장으로 활용된다.

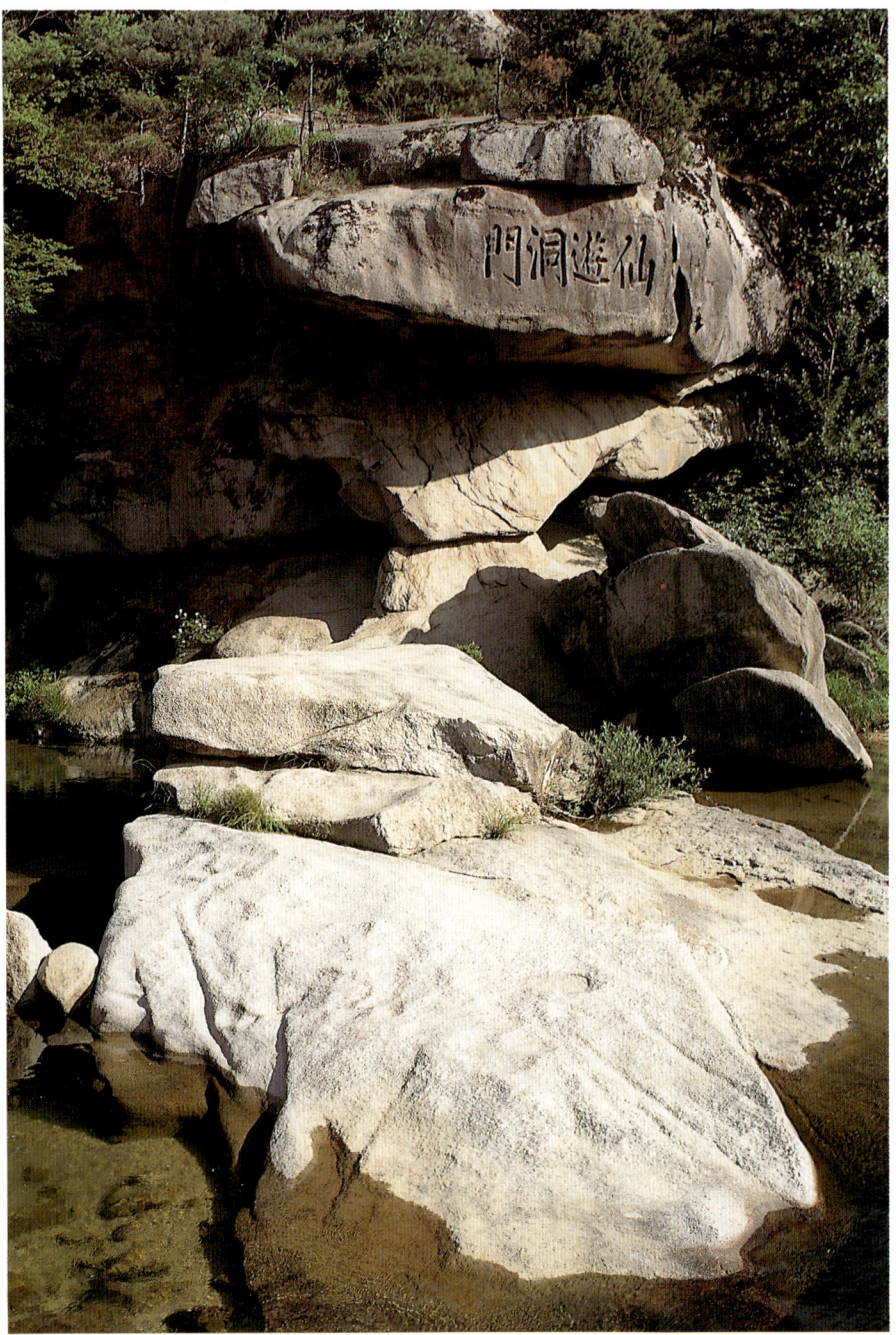

신들린 승려나 선도(仙道)의 무리, 파산자, 불치병자, 불임녀 등 온갖 고독한 인간 군상들이 도명산으로 오른다.

현대인들은 무속의 역기능을 집중적으로 적시했다. 그러나 무속은 논리와 과학을 초월해 좀더 생생한 현실로서 엄존한다. 무속이란 물신(物神)이라는 사악한 잡귀가 배설한 사회적 욕망의 구조에서 소외된 또 하나의 욕망의 구조인지도 모른다. 그것은 그 자체로 현실 세계의 단면을 보여 주는 것으로 인간의 위기와 불안을 표상한다. 그리하여 도명산에 울려 퍼지는 기도 소리는 어쩌면 삶의 우울한 비가일지도 모른다.

괴산군 청천면 쌍곡리의 쌍곡(雙谷) 계곡, 퇴계 이황(李滉)이 머물며 이름을 지었다는 청천면 송면리의 선유동구곡(仙遊洞九曲) 역시 화양 계곡의 경승에 어깨를 겨누는 속리산 국립공원의 참스런 자연 세계이다. 한편 문경 쪽으로는 대야산(大野山, 931미터)의 웅숭깊은 산골짝인 선유동이 속리산 국립공원을 지킨다. 신선이 놀았다는 이 골짜기가 내선유동으로 불리는 것은 10킬로미터쯤 떨어진 괴산의 선유동과 짝을 이룬 때문으로 괴산 쪽은 외선유동으로 구분된다. 내선유동에는 최치원의 발길이 남았으며 용이 비늘 자국을 남기고 승천했다는 용추(龍湫) 바위가 승경의 절정을 이룬다.

선유동구곡 입구에 새겨진 선유동문 퇴계 이황이 머물며 직접 이름을 지었다고 전한다.(옆면)

법주사

길상사(吉祥寺)로 열린 절

　절간의 깊은 위엄과 향기가 생김생김의 크기에서 비롯되는 것은 아니지만 들려 오는 우스갯소리들은 절의 권위를 곧잘 규모에 빗대었다. 해인사 뒷간에서 뒤를 보면 이튿날 아침에야 똥 떨어지는 소리가 들린다는 식으로 말이다. 법주사 승려들이 써먹던 과장법도 결코 뒤지지 않는다. 법주사 무쇠솥에 장국을 끓일 때면 배를 띄워 노를 저을 지경이라는 것이다. 언어의 희롱에 불과한 이 얘기는 그러나 예로부터 번성한 법주사의 위세를 암시한다. '호서제일가람(湖西第一伽藍)'이라고 새긴 일주문의 편액은 바로 법주사의 현주소이다. 세속 동네에까지 친숙한 이름을 날린 이 절의 느낌은 '속리산 법주사'가 아니라 '법주사 속리산'으로 여겨질 정도이다.

　절(寺), 중원(衆園) 또는 승원(僧院)을 가리키는 가람(伽藍)은 전통적 범례에 따르면 적어도 일곱 개의 건물을 갖추어야 한다. 이를테면 교종(敎宗)에서 통하는 7당(堂)은 불전(佛殿), 강당, 승방, 탑,

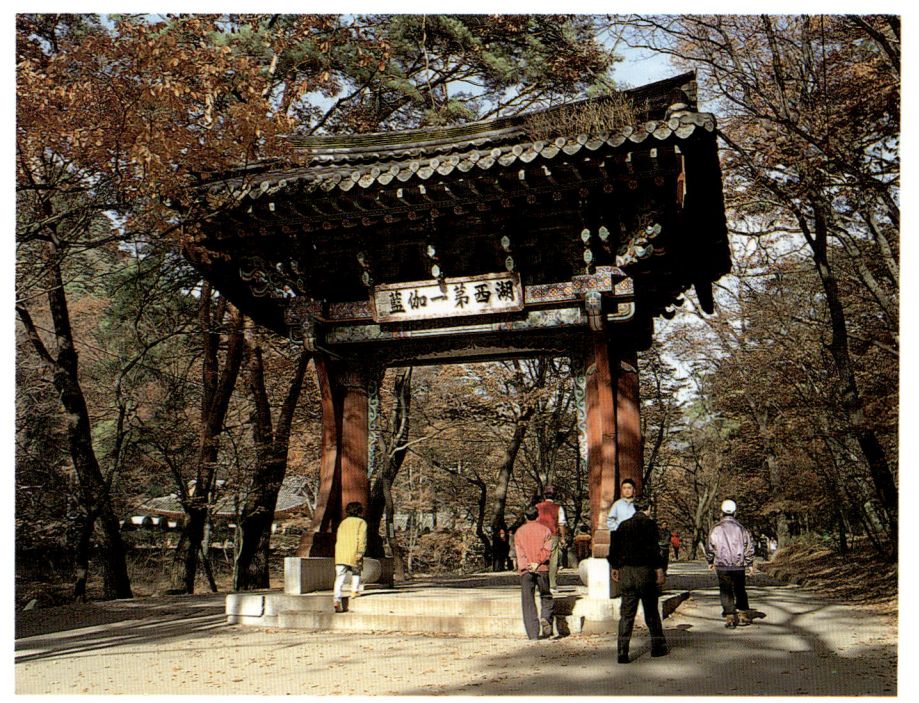

법주사 일주문

경각(經閣), 종루, 식당 따위이다. 오늘날 법주사의 가람 구조는 전통적인 범례를 초월, 번잡하리만큼 수많은 구조물들로 배열되어 대가람의 위용을 마음껏 펼친다. 3점의 국보와 2점의 보물을 비롯한 기타 많은 문화재들 또한 법주사의 역사를 가늠하는 잣대이다.

법주사의 규모 확대는 오늘날에도 계속되고 있지만 현재의 원형이 조성된 것은 인조 2년(1624) 벽암(碧巖) 스님에 의해서였다 한 때 무려 60여 동의 건물과 70여 개의 암자가 딸렸으나 임진왜란 때 모조리 불타 버린 것을 벽암이 중창했던 것이다. 이후 중수와 중건을 거듭해 오늘에 이르는데 이 같은 내력은 「법주사 사적기(法住寺事蹟記)」에 적혔다.

그러나 법주사의 창건 역사는 신라 진흥왕 14년(533)까지 거슬러 올라간다. 이때 들추어지는 문헌은 조선 초에 나온 『동국여지승람』이다. 이 책의 권 16 「충청도 보은 법주사 조」를 보면 "전해오기를 신라승 의신(義信)이 흰 노새에 경을 싣고 와서 이 절을 처음 지었고 성덕왕이 중수했다고 한다"라는 대목이 나온다. 이런 기록을 토대로 훗날 만들어진 『조선불교통사』 같은 책들은 의신의 법주사 개창을 한층 설화적으로 서술한다. 그 내용은 대체로 이렇다.

신라 진흥왕 14년(533) 때의 일이다. 의신이라는 스님이 멀리 천축국(天竺國;인도)에 이르러 불교 공부를 마친 뒤 흰 노새에 불경을 싣고 돌아왔다. 의신은 마땅한 절터를 찾아 헤매다가 속리산에 이르렀다. 그때 흰 노새가 갑자기 걸음을 멈추고 울부짖는 게 아닌가. 의신은 이에 느껴지는 바 있어 노새의 잔등에서 경전을 내리고 절을 세웠다. 절 이름이 법주사인 것은 의신이 전한 경전, 곧 부처의 말씀(法)이 머물렀다(住)는 데에서 얻어졌다.

이 같은 의신의 법주사 창건 설화는 연구자들로부터 그 신빙성을 의심받는다. 후대 사람들의 설화적 윤색이 더해진 문헌과 연대의 꿰맞추기에 불과한 것 같다는 관점이다. 간송미술관의 최완수(崔完秀) 선생은 의신의 전설이 중국 백마사(白馬寺)의 고사를 본떠 신비롭게 꾸민 내용일 수도 있다고 보았다.

한결 분명한 역사의 인정을 받는 법주사의 성립 연대는 의신 설화를 200년쯤 저쪽 세월로 넘긴 신라 경덕왕 20년(760)이다. 여기에서 소용되는 역사책은 『삼국유사(三國遺事)』 권(卷) 4이다. 거기에는 법주사의 창건을 일러주는 '진표전간(眞表傳簡)'과 '관동풍악발

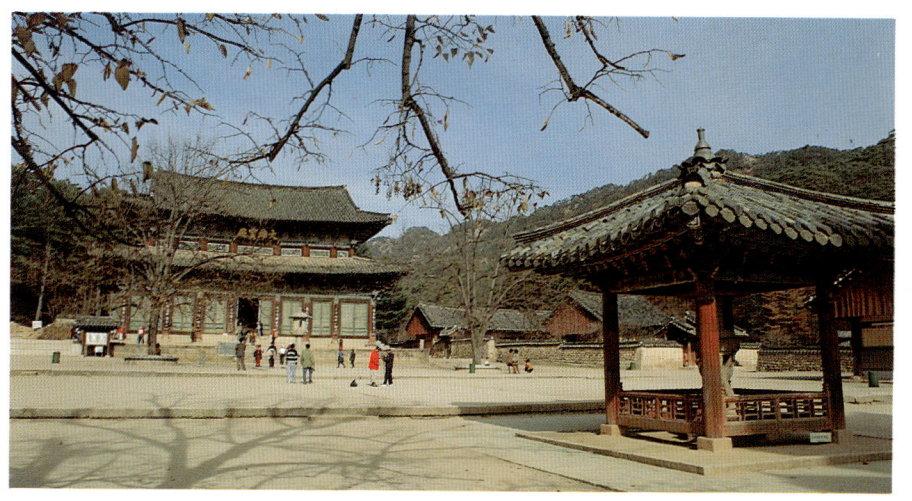

법주사 전경 왼쪽이 대웅보전이고 오른쪽은 쌍사자석등(국보 제5호)이다.

연수석기(關東楓岳鉢淵藪石記)'라는 두 가지 기록이 실렸다. 이후 여기에 주식을 붙인 고려 사람 형잠(瑩岑)의 비식글을 비롯한 몇몇 문헌들이 배출되고 아울러 구전 설화들이 개입한다. 줄거리는 진표 (眞表) 율사라는 스님이 제자들을 시켜 속리산에 법주사의 전신으로 추정되는 길상사(吉祥寺)라는 절집을 세웠다는 것인데 간추리자 면 다음과 같다.

  신라에 망한 백제의 유민인 진표 율사는 전주 사람으로 순제 (順濟) 법사에게 계를 받았다. 그는 수행하던 어느 날 밤 지장보살과 미륵보살을 친견하고 가사(架裟), 발우(鉢盂), 계본(戒本) 및 간자(簡子:버팀목)를 받았다. 그 뒤 진표는 금산사를 창건하고 미륵장륙상(彌勒丈六像)을 주조했다.

  그런 어느 날의 꿈속에서 진표는 이지산(離持山:속리산의 옛 이름)에 미륵불을 세우라는 미륵보살의 계시를 받고 이지산으로 향했다. 가는 도중에 우는 소가 끄는 수레에 탄 사람의 머리를 깎아 주고 제자로 삼은 뒤 길상초(吉祥草)라는 풀이 자라는 이지산 자락에 묻혀 한동안을 머물렀다. 이후 금강산에 들어가 발연사(鉢淵寺)를 지어 점찰법회(占察法會)를 열고 7년을 머문 뒤 부안의 선계산에 들었다. 그때 영심(永深)을 비롯한 많은 승려들이 찾아와 복숭아나무에서 거꾸로 떨어지기 등의 용맹 참회의 모습을 보이며 진표의 계법을 구했다. 이에 진표는 그들을 제자로 삼아 가르치고, 입멸 전에는 지난날 지장보살과 미륵보살로부터 친히 받았던 의발과 계본 등속을 전하며 다음처럼 말했다.

"너희는 이지산으로 들어가라. 그 산에 길상초가 자란 곳이 있으니 거기에 절을 짓고 교법을 널리 펴 인간을 구하고 세상을 건져라."

이에 진표의 법통을 받은 영심 등은 이지산에 이르러 길상사(吉祥寺)라는 절을 창건하고 점찰법회를 행했다. 그러자 많은 사람들이 세속(俗)을 여의고(離) 이 산에 들기 시작했다. 이때부터 이지산이 속리산으로 바뀌었다.

여기에서 문제는 길상사가 과연 법주사와 같은 절이냐는 점이다. 이 같은 의문은 법상종(法相宗)의 근본 도량으로서 법주사가 지닌 역사적 성격을 파악함으로써 풀린다. 법상종은 바로 진표 율사가 계승시킨 법맥의 그루터기이기 때문이다. 진표 율사가 개창한 모악산 금산사나 금강산 발연사는 물론, 진표의 화신인 영심으로부터 다시 진표의 의발과 법구 일체를 전수한 심지(心地)가 개창한 팔공산 동화사 역시 고려시대 법상종의 중심사찰로 밝혀진다. 따라서 고려 때에 역시 법상종의 대표격으로 부상한 법주사가 바로 진표의 길상사와 동일하다는 추정이 가능한 것이다. 만약 법주사와 길상사가 별도로 존재했다면 법주사가 진표의 법상종 법맥을 잇는 길상사를 누르고 솟았다는 이상한 결론에 도달할 뿐이다.

더구나 진표가 금산사에 미륵장륙상을 조성했듯 법주사 또한 미륵장륙상을 봉안해 왔다. 점찰교법을 통해 진표가 추구한 미륵하생의 도량이라는 성격을 법주사와 금산사가 똑같이 지녔다는 사실을 바로 미륵장륙상의 존재에서 알 수 있으며, 이 역시 길상사가 법주사와 별개의 사찰이 아님을 나타낸다.

청동 미륵대불

미륵도량 법주사의 최대 상징물은 청동 미륵대불이다. 8미터의 화강암 기단을 포함하면 33미터에 이르는 이 거대한 불상은 대중적 인기를 누리는 데에도 부족함이 없다. 사진기를 세로로 세워 들고 기념 사진 찍기에 바쁜 관광객들의 감탄사는 "하! 크다"라는 것이다. 미륵불상으로는 세계 최대의 크기라는 이 쇳물 조각은 영문 모를 대물(大物) 숭배주의의 본보기로 눈총 받기도 한다. 도무지 속리산의 잔잔한 형세에 걸맞지 않게끔 무지막지하다는 느낌을 주기 때문이다.

그러나 미륵대불의 의미가 하늘을 찌를 듯한 그 규모에 있을 수는 없다. 법주사는 미륵 도량이다. 진표 율사의 법맥으로 개창한 때로부터 법주사는 금산사, 발연사와 함께 미륵하생의 도량, 즉 약속된 유토피아로 점지되었다. 미래 세계의 미륵 부처가 지상에 내려와서 세 차례의 설법을 통해 인간이라는 이름의 중생을 구제한다는 게 미륵하생 신앙의 요체이다. 그런데 세 차례의 설법 가운데 두 번째 설법이 바로 법주사에서 펼쳐진다고 한다. 말하자면 법주사는 다가올 용화정토(龍華淨土)의 중심, 즉 지상정토(地上淨土)의 발현지로 예정된 셈이다. 청동 미륵상이 법주사에 솟은 까닭이 여기에 있다. 그것은 미륵신앙이라는 불법(佛法)의 수레바퀴를 굴려 온 법주사의 존재 이유와 그 방식을 상징한다.

법주사가 개창된 신라시대에는 청동 미륵대불의 자리에 미륵장륙상이 봉안된 산호전(珊瑚殿)이라는 법당이 있었다. 다시 말해 고대의 미륵장륙상이 오늘의 청동 미륵대불로 형태 변화한 셈이다. 미륵장륙상이 파괴된 것은 정유재란 때 왜군의 방화 때문이었다. 그 뒤 다시 주정되었으나 경복궁을 고치던 대원군이 당백전 만드는 쇠붙이로 징발해 갔고 이때 산호전도 덩달아 무너졌다.

미륵상이 또다시 세워지기 시작한 것은 1939년이었다. 당시의 주지였던 석상(石霜)과 금산사 미륵대불을 복원한 근대 조각가 김복진(金復鎭)이 불사에 착수했다. 하지만 일제의 태평양 전쟁에 따른 물자 통제와 김복진의 요절로 중단되었다가, 1964년 고 박정희 전 대통령의 발원으로 마침내 미륵불에 눈동자를 그려 넣을 수 있었다. 그것이 사람들의 추억 어린 사진첩에 남은 신장 33미터의 시멘트 부처님이다. 하지만 철근에 시멘트를 바른 그 미륵대불은 스무 살의 나이로 열반하고 말았다. 내부의 철근이 썩고 시멘트가 갈라져 붕괴될 조짐을 보여 철거가 불가피했던 것이다.

현재의 청동 미륵대불은 시멘트 미륵불 자리에서 남쪽으로 10미터쯤 수평 이동해 조성되었다. 1986년 10월 30일 첫 삽을 뜨고 지난 1990년 4월 11일에 회향식을 가짐으로써 속리산의 공기를 마시기 시작한 이 불상의 제작에는 37억 원의 돈과 3만 5천여 명의 연인원이 투입되었다. 13 내지 20밀리미터 두께의 외장을 형상하는 데 쓰인

청동이 160톤이며, 석조 기단에 들어간 화강암이 1만 3천 입방미터이다.

불사의 총감독은 당시의 주지였던 월탄(月誕) 스님이 맡았다. 대불의 공사는 월탄 스님과 사부대중의 원력이 집중된 참으로 힘겨운 것이었다고 한다. 바람 센 날이면 머리 부위가 좌우로 40센티미터까지 흔들리게 만들어진 이 청동대불의 높이는 고층 아파트와 맞먹는다. 따라서 거푸집에 쇳물을 부어 떠내는 식의 제작 공법과는 아예 무관하다. 자세히 들여다보면 알 수 있는 일이지만 미륵대불의 청동 피부는 길이로 13등분되었으며, 이것들은 각각 4조각으로 나뉘어 모두 52조각의 청동판을 용접하여 이어 붙였다.

점안식이 벌어진 날은 그야말로 법주사의 날이었다. 10만 개의 연등이 걸리고 5만여 명의 인파가 운집했으며, 하늘도 이 의식에 참관한 듯 오색 서광이 창공에 번쩍거렸다. 아울러 기이하게도 미륵대불의 머리 부분에서 백호광명(白毫光明)이 치솟아 일대 환희의 도가니가 되었다.

청동 미륵대불이 딛고 선 기단 안에는 도솔천을 묘사한 회화가 장식된 스테인드글라스 지붕을 얹은 용화전(龍華殿)이 조성되었다. 108평 크기의 용화전 주존불은 중앙의 미륵반가사유상(彌勒半跏思惟像)이다. 반쯤 내려 감은 눈으로 생각에 골똘한 이 미륵보살은 56억 7천만 년 뒤에 도래한다는 지상 정토의 이상 세계를 꿈꾼다. 용화전의 내부는 온통 도솔천이다. 모든 구조물들이 용화 세계의 형상을 반영하였다. 벽면을 휘어감은 13점의 부조 벽화는 미륵삼부경(彌勒三部經)의 전체 내용을 순서에 따라 차례로 전개시킨 용화 세계의 회화적 시나리오이다.

용화전의 바깥 둘레에는 122평의 전시 공간이 마련되었다. 여기에

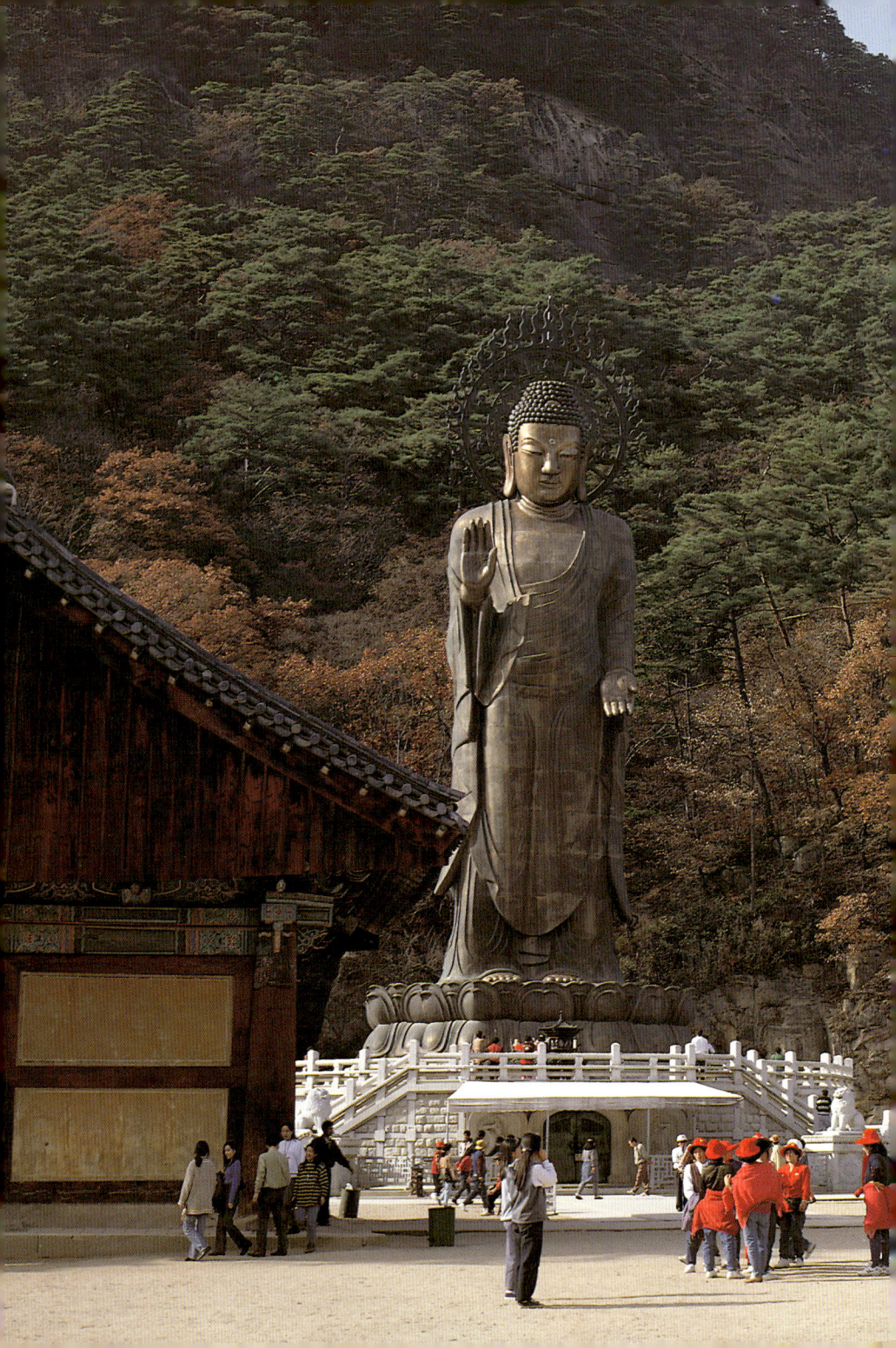

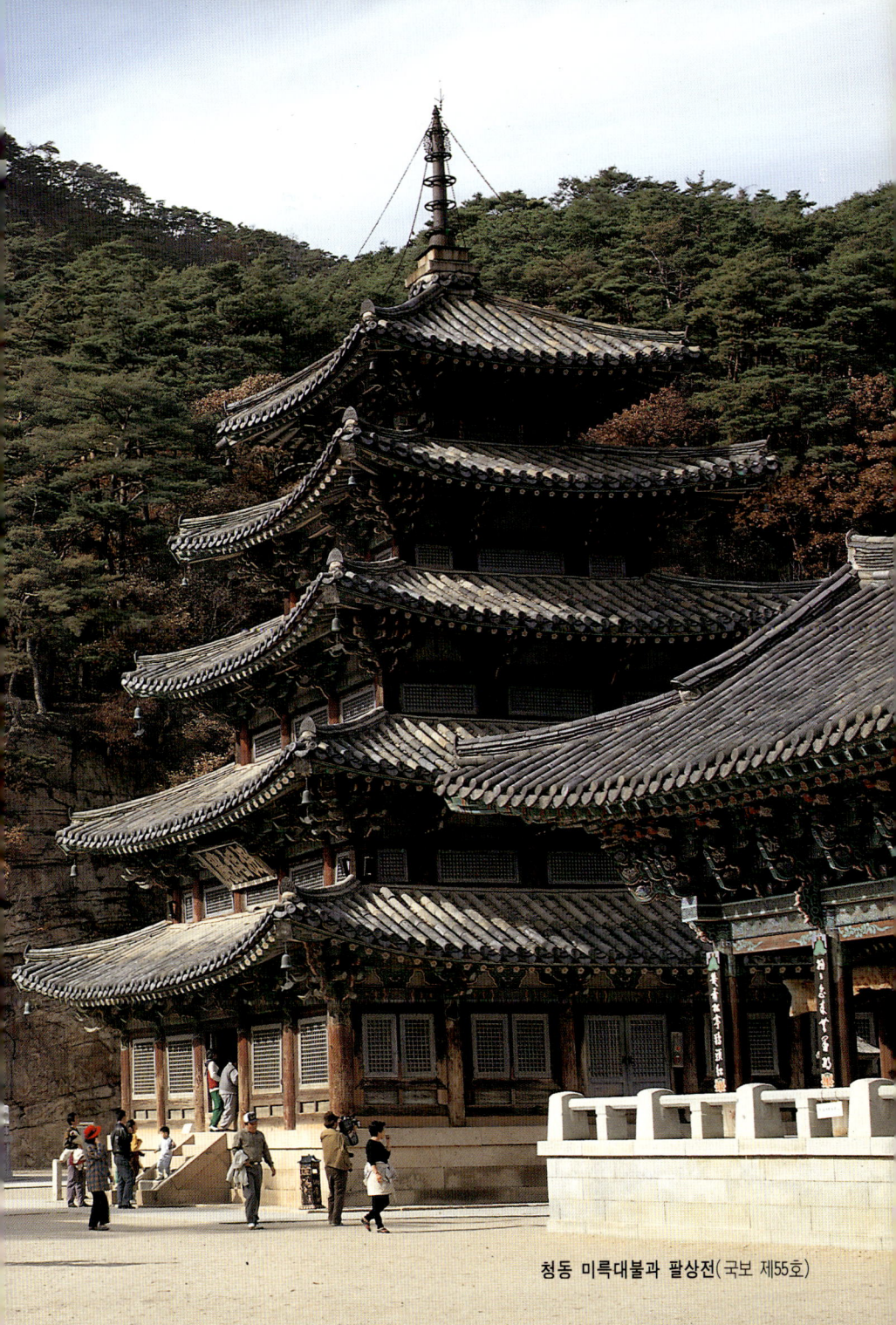

청동 미륵대불과 팔상전(국보 제55호)

는 법주사가 오래 전부터 소장해 온 신법천문도(新法天文圖), 선조 대왕 어필 등 100여 점의 유물들이 진열되었다.

법주사 경내 중앙부에 자리한 팔상전(捌相殿, '捌'은 '八'의 동의어)은 한국에 남아 있는 몇 안 되는 목탑식(式) 건축물 가운데 으뜸으로, 빼어난 자태를 지녔다. 국보 제55호인 이 5층탑은 탑이면서 동시에 전(殿)이다. 건물의 내부에 불사리(佛舍利)를 봉안, 예배를 위한 전각으로도 사용되었다. 그래서 탑전(塔殿)이라 부를 만한 이 특이한 건축물은 561개의 기둥이 쓰였다고 하는데, 임진왜란 때 불

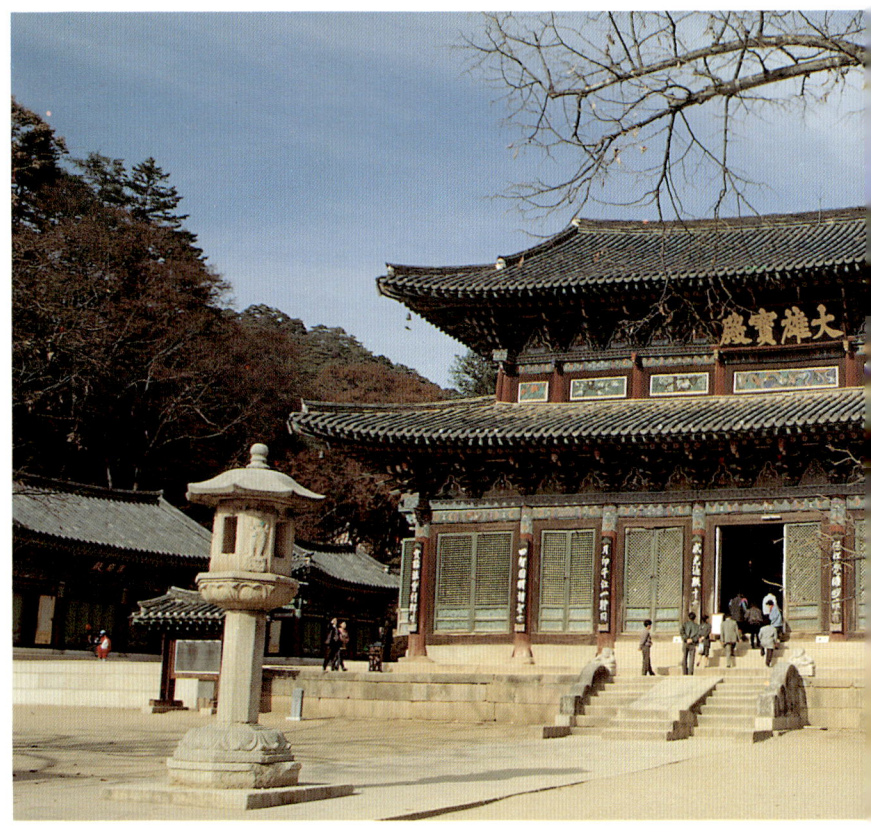

탄 것을 사명대사 유정(惟政)이 22년에 걸쳐 중수했다. 팔상전의 내력은 지난 1968년에 문화재관리국에서 행한 해체 중수공사 때 중앙 기둥에서 발견된 명문(銘文)을 통해 밝혀졌다. 팔상전의 이름은 석가모니의 일대기를 묘사한 8폭의 탱화, 즉 팔상도(八相圖)에서 유래했다. 팔상도의 전면에는 각각 앉거나 드러누워 열반한 모습의 불상이 안치되었으며 500 아라한이 불상들을 옹립했다.

보물 제915호로 지정된 대웅보전(大雄寶殿)은 조선 인조 2년 (1624)에 백암 스님에 의해 중창된 2층식 전각으로 170평의 내부와

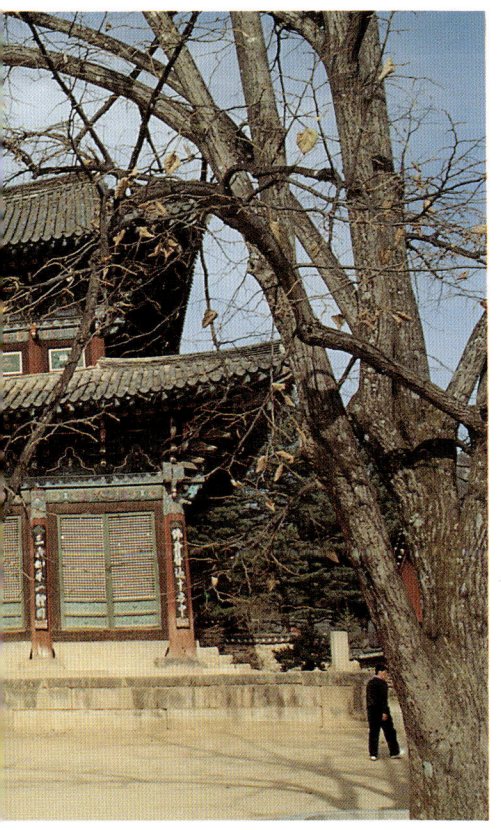

대웅보전(보물 제915호) 화엄사 각황전, 무량사 극락전과 더불어 우리나라 3대 다층식 전각의 하나로 꼽힌다.

19미터의 높이를 가졌다. 다층식 전각을 꼽아 보라면 사람들은 흔히 3대 불전(佛殿)을 발탁하는데 화엄사 각황전과 무량사 극락전, 그리고 이곳의 대웅보전을 꼽는다. 대웅보전 안에는 법(法), 보(報), 화(化)의 삼신불이 봉안되었다. 법신불인 비로자나불을 중심으로 왼편에 화신불인 노사나불이, 오른편에는 보신불인 석가모니불이 좌정했다. 그런데 이 전각의 이름은 대웅보전보다는 대적광전(大寂光殿) 혹은 대광명전(大光明殿)으로 정하는 게 합당하다고 한다. 비로자나불을 주존불로 모셨을 경우 통상 그렇게 부르기 때문이라는 것이다. 이곳의 삼존불은 조성 기법이 단연 뛰어나고 장중하기는 바윗덩이 같다. 앉은키 5.5미터와 허리둘레 4미터는 실제 국내 좌불(坐佛)로서는 가장 큰 편에 속한다.

지난 1974년에 전체적으로 뜯어 고쳐 다시 살린 원통보전(圓通寶殿)은 보물 제916호. 이 전각 속에는 원통대사라는 별명으로 통하기도 하는 관세음보살을 주존으로 봉안했다. 3미터의 앉은 키를 가진 이 나무(木) 불상 또한 원만한 상호와 적절한 비례로 탁월한 예술적 가치를 인정 받는다. 이 밖에 능인전(能仁殿)·명부전(冥府殿) 등을 추가해 법주사에는 모두 여덟 개의 전각이 있다. 이것들은 일주문, 금강문, 부도전 같은 다섯 개의 부속 건축과 함께 법주사의 30여 개 건축물들을 대표한다.

아름다운 석조물들

석등은 부처의 말씀을 상징해 법등(法燈)이라고도 불린다. 사바세계를 밝게 비추는 불법의 불(火), 이것이 바로 석등의 의미이다. 전통적으로 인도에서는 사리탑 주변에 많은 등불을 밝혔다. 이것은 그대로 한국 불교의 풍습으로 유입되었다. 법주사의 석등 구성만 보더라도 사리탑인 팔상전을 중심으로 두 개의 석등이 섰고, 사리탑을 대신하는 대웅보전 앞에 또 하나의 석등이 조성되었다.

팔상전 후면에 배치된 쌍사자 석등(雙獅子石燈)은 단연 걸작이다. 현존하는 신라 석등 가운데 최고의 명품으로 평가되는 이 등불집은 신라 성덕왕 19년(720)에 깎아진 것으로 추정되는데 국보 제5호이다. 신라 석등의 보편적 양식인 8각 기둥의 간석(竿石) 대신에 두 마리의 사자를 조각해 넣어 상대석과 옥개석을 받들게 하였다. 천년 세월을 벌서고 있는 두 마리 사자 가운데 한 마리는 입을 벌려 염불 스님을 상징했고, 다른 놈은 입을 다물어 참선하는 수도승을 비유했다.

대웅보전 앞에 세워진 사천왕 석등(四天王石燈)은 보물 제15호로 상대석의 네 면에 사천왕을 각각 새겼다. 하대석에 연꽃이 벙글어지고 8각 기둥을 중대(中臺)로 사용한 전형적인 신라 석등으로 쌍사자 석등보다 제작 연대가 앞선다.

법주사의 아름다운 석조물들은 대체로 통일신라의 문화적 광채가 절정에 달했던 시절에 제작된 것으로 밝혀졌다. 국보 제64호 석연지(石蓮池) 또한 신라 예술 정신의 산물이다. 연꽃 모양으로 만든, 높이 1.96미터에 둘레 6.65미터인 이 돌 연못의 쓰임새는 아직도 수수께끼이다. 향로로 추정되는가 하면 서방정토의 극락세계를 상징하는 장엄품(莊嚴品)으로 풀이되기도 한다. 돌로 만든 거대한 물그릇인 석조(石槽), 땅 밑을 파서 만든 돌항아리로 김칫독 또는 냉장고로 해석되는 석옹(石瓮)도 법주사의 흥미로운 석조물들이다.

법주사의 석조물들은 이따금 이삿짐을 싼다. 그 위치가 번번이

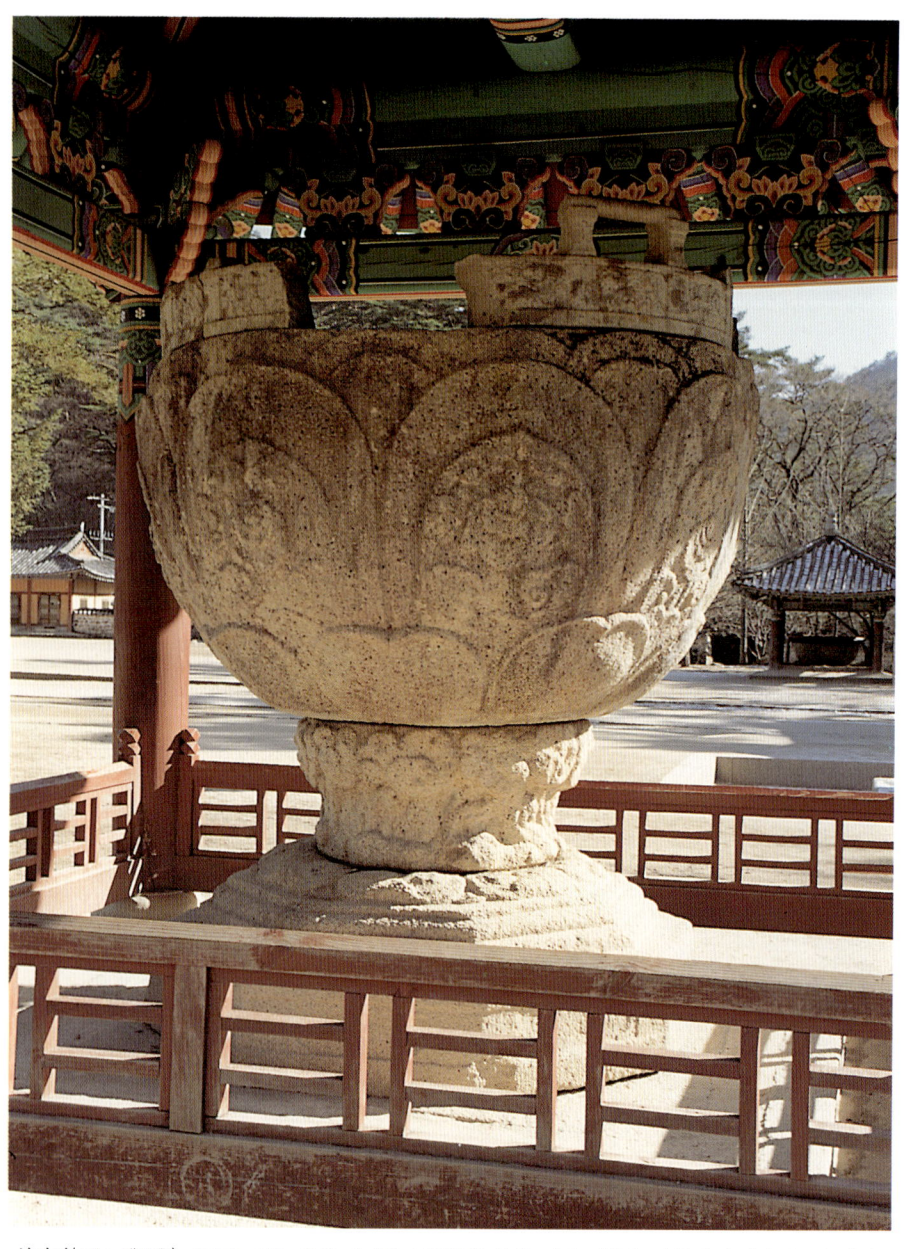

석연지(국보 제64호) 8각의 댓돌 위에 커다란 반구형의 돌을 깎아 연못을 만들어 올려 놓은 이 석연지는 석조물 전체에 꽃, 구름, 난초, 덩굴 등의 무늬가 어우러져 매우 아름답게 장식되어 있다.

변하는 것이다. 전시 효과를 높이려는 의도, 그리고 본디의 자리를 모색함으로써 가람 구성의 완결성을 도모하려는 방책으로 여겨진다. 지난 1980년대에 경내의 복판께에 놓였던 석연지가 지금은 외곽으로 물러나 당간지주 옆에서 수문장 보조 구실을 하며, 희견보살상(喜見菩薩像, 충청북도 유형문화재 제38호)은 사천왕 석등 옆에 있다가 지금은 청동 미륵대불 곁으로 다가갔다.

커다란 향로를 두 손으로 머리 위에 받쳐 든 희견보살상의 얼굴과 육체는 형편없이 으스러졌다. 목줄기의 시멘트 땜질을 비롯해 팔목·발목 등에도 붕대 두르듯 회칠이 뭉개어졌다. 이 같은 외양은 이 석상이 시달린 세월의 풍화를 짐작케 하지만, 애당초부터 만신창이의 형상으로 만들어졌다는 게 일반적인 감상법이다. 희견은 혹독한 고행으로 일관한 보살이다. 법화경(法華經)의 '약왕보살본사품(藥王菩薩本事品)은 희견보살이 이룬 소신공양(燒身供養)의 행장을 기록하고 있다. 이 보살은 부처에게 공양하기 위해 1,200년 동안 자신의 몸에 향과 기름을 바르고 또한 그것을 먹고 마셨다. 그리고 그 몸을 다시 1,200년 동안 불태워 부처에게 공양했다. 그 과보로 희견은 약왕보살이 되었다. 사연이 이렇기에 희견보살상의 얼굴이 악마가 할퀸 듯한 형상이라고 한다.

한편 희견보살상은 법주사의 창건자로 간주되는 진표 율사와 가장 정신적으로 상통하는 상징물이다. 진표가 역시 육신에 극한의 고통을 기하는 이른바 망신참(亡身懺)을 수행의 기본 방침으로 삼았기 때문이다. 진표가 부안 선계산에 머물면서 바윗돌로 자신의 육신을 내려쳐 마디마디 뼈를 부러뜨리거나 절벽에서 뛰어내렸던 행위가 바로 망신참이다.

그러나 법주사의 희견보살상을 가섭존자의 형상화로 이해하려는 전혀 다른 견해도 나타난다. 석상의 일그러진 형태를 단순히 세월의 풍화작용 탓으로 해석하는 한편, 이 석상이 일반적인 희견보살상의 형태와도 별로 일치하지 않는다는 것이다. 그래 가섭존자가 가사와 발우를 부처에게 공양하는 장면을 상징한 가섭의 상(像)으로 판단하는 게 보다 합당하다고 내세운다.

수정봉에서 쫓겨났다는 재미난 설화를 지닌 추래암 아래 열반굴의 암벽에는 앉은 부처, 곧 의상(倚像)의 부처가 돋을새김되었다. 이것이 보물 제216호인 마애여래의상(磨崖如來倚像)이다. 연꽃 속에 앉은 이 마애불은 11세기 말에 조성된 것으로 추정되며 미륵불의 형상화로 짐작된다. 마애불의 왼편 밑자락에는 의신(義信) 설화를 묘사한 듯한 선각화가 그려졌다.

속리산과 사람들

전쟁 많은 역사

속리산 언저리에 언제부터 인간이라는 이름의 생명체가 살기 시작했는지 알기 위해서는 인류사의 기원부터 더듬어야 할 것이다. 그러나 분명한 사실은 속리산의 나이테에 비하면 인간의 역사는 깃털처럼 가벼운 것에 불과하다는 점이다. 속리산의 역사에 대해 아무리 아는 체하여도 기껏해야 우리는 역사책 혹은 전설이 전하는 몇 점 부스러기만을 수확할 뿐이다. 먼저 속리산이 있었고 그 다음에 사람이 있었으니까. 그래 지구 덩어리에 어느 날 인간이라는 생명체가 출현했듯 속리산에도 언제부터인가 사람이 생기기 시작했다고 말할 수 있다. 산이 사람에게 암묵적으로 요구하는 겸허의 당위성은 여기에서 비롯된다. 새끼가 어미에게서 태어나듯, 어미가 새끼를 기르듯, 산은 그렇게 사람의 삶을 만들고 그것을 길들여 왔다.

속리산의 대자연은 곧 충만한 생명의 모태로써 존재해 왔고 사람들은 거기에 매달렸다. 산에서 사람들은 먹을 음식과 마실 물과 자

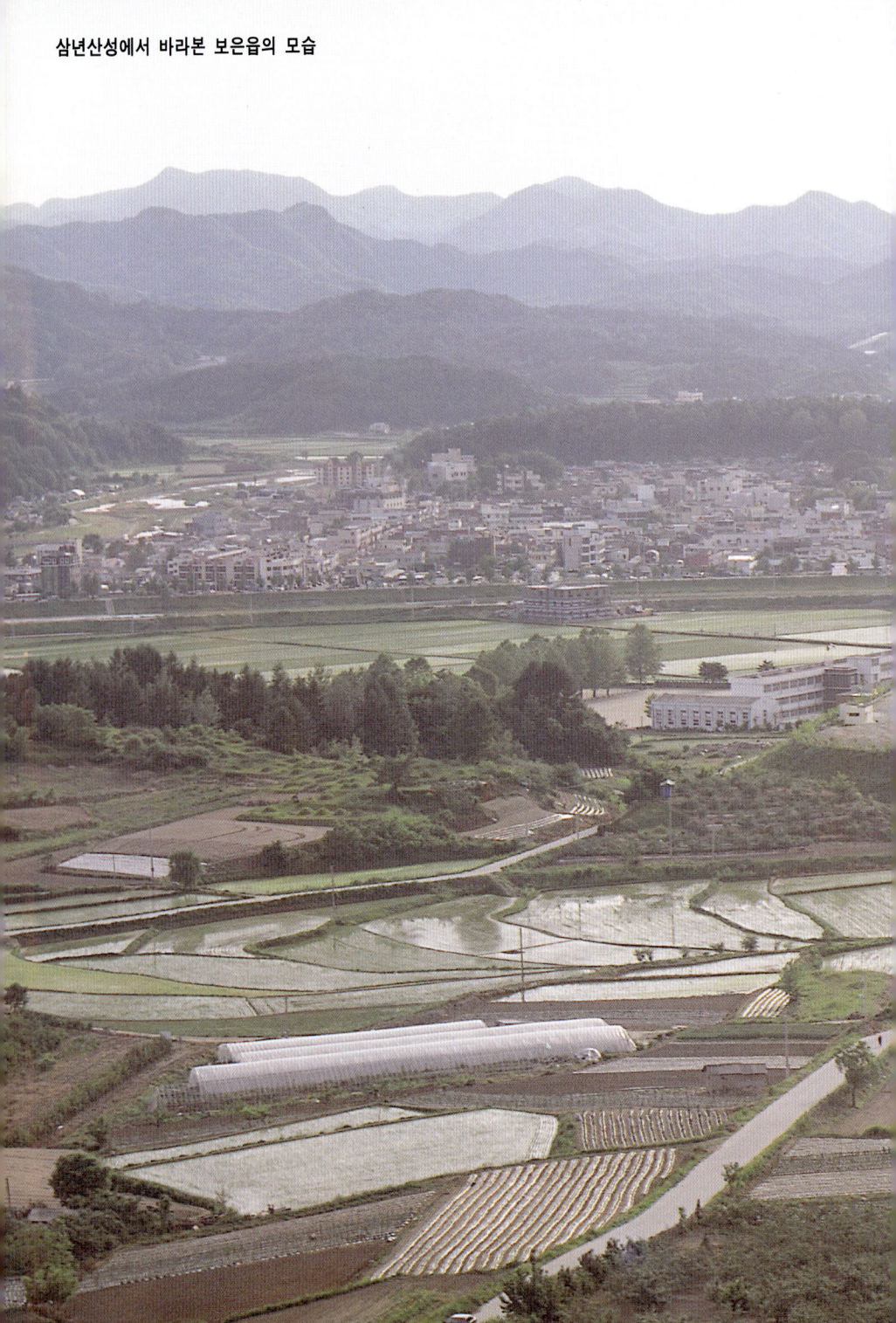

삼년산성에서 바라본 보은읍의 모습

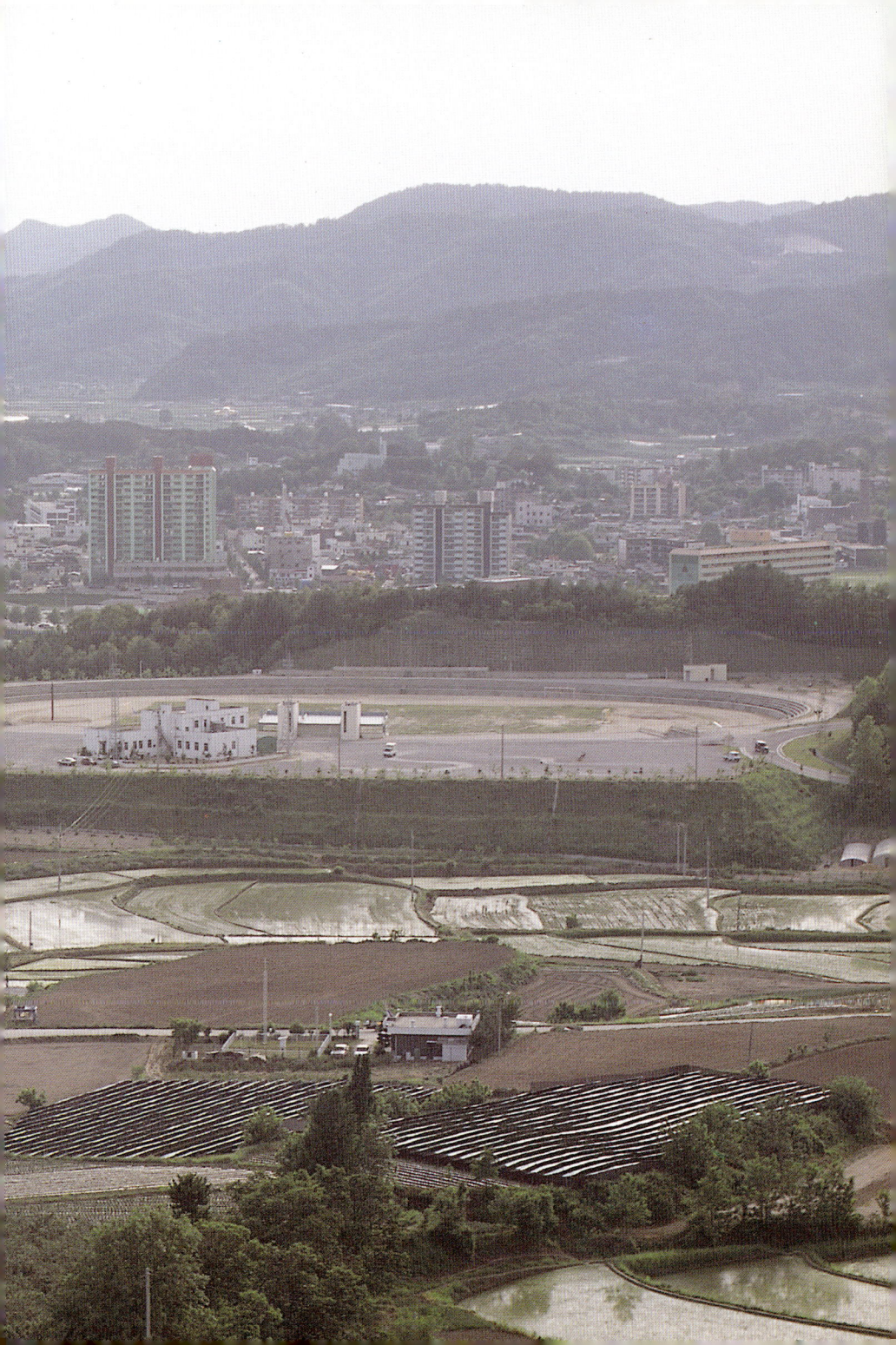

고 입을 건덕지들을 얻어 왔다. 결국 속리산이 있음으로써 속리산 둘레의 사람살이가 가능했던 셈이다.

무엇보다 사람을 기르는 속리산의 비결은 풍성한 물길에 있다. 이 산에서는 한강, 금강 그리고 낙동강으로 향하는 여러 갈래의 물줄기가 배출된다. 그것은 속리산 둘레의 대지를 꿀처럼 흐르며 사람들을 모았다. 속리산을 장롱 속의 보물단지처럼 소중히 여기는 보은 사람들의 70퍼센트가 지금껏 농사에 매달릴 수 있는 힘이 바로 들판을 적시는 속리산의 물줄기가 아니겠는가. 속리산은 그렇게 사람들의 삶에 줄기차게 간여한다. 그러자 언제부터인가 사람들이 산을 닮기 시작했다. 속리산 자락에서 살아가는 사람들은 바로 속리산을 닮아버린 것이다. 세월에 따른 자연의 풍화가 어색하지 않듯 속리산을 품은 사람들의 기질적 풍화 역시 지극히 자연스럽다.

그런데 속리산은 제 테두리에서 삶을 쟁기질하는 사람들에게 세상은 곧 전쟁터임을 가르쳤던 것 같다. 속리산 일대는 사람들이 치른 살벌한 전쟁의 무대였기 때문이다. 산과 물이 크게 갈라지는 속리산 지역에서 고구려, 백제, 신라 삼국의 세력이 맞부딪칠 수밖에 없었다. 이곳이 삼국 쟁패의 전략적 요충지였음을 알리는 보은읍 어암리의 삼년산성(三年山城;사적 제235호)은 신라 자비왕 13년(470)에 축조된 것으로 추정된다. 고증이 명료한 것은 아니지만 삼년산성은 백제 침략을 위한 신라의 가장 유력한 전초 기지였다고 한다. 3년 동안 쌓았다는 이 성은 최대 높이 13미터에 폭은 5미터에서 8미터에 이르고, 길이는 1,680미터가 넘는 정교하고 장중한 성채이다. 이 지역의 향토사가들은 삼년산성을 거점으로 신라가 백제 사람들을 공략해 속리산 일대를 피바다로 만들었고 그로 인해 삼국통일의 기틀을 마련할 수 있었다고 주장한다. 법주사의 창건은 이 같은 전쟁에서 비롯되었다고 추측하기도 한다. 전쟁으로 피폐해진 속리산 일대의 민중들에게 희망과 위안을 주기 위해, 혹은 전쟁으로 죽어간 원혼들을 달래기 위해 진표 율사의 길상사가 개창되었으리라는 관점이다. 속리산의 북동 자락, 그러니까 상주시 화북면 시어동의 견훤산성 역시 견훤이 쌓은 것으로 추정되면서 이 지역에서 벌어졌던 신라와 백제의 전투 사실의 증거로 채택된다.

속리산 자락에서 펼쳐진 임진왜란의 참화도 신랄하다. 그 당시 법주사는 깡그리 잿더미로 변하고 말았다. 이 나라에 터졌던 모든 난리로부터 속리산 역시 조금치도 비켜날 수 없었고 6·25도 예외가 아니었다. 쫓고 쫓기는 국군과 인민군의 숨바꼭질이 속리산 일대에서 벌어지면서 공림사(空林寺)가 전소되기도 했다. 공림사는 속리산에서 북쪽으로 바라보이는 낙영산(落影山) 기슭에 안긴 절간으로 한때 법주사를 능가할 세력을 떨쳤다. 국군에 의해 소실되었던 그 절은 이후 복원되어 오늘날 법주사와 다시금 그 힘을 겨룬다. 이처럼 빈번한 전쟁의 소용돌이는 그것에 휘말린 속리산 둘레의 사람들에게 어떤 기질적 진화를 가져다 주었다. 오늘날 이 지역 사람들이 자신들의 토박이다운 성정을 강직성으로 내세우고 있는데 그것은 바로 전쟁을 주조음으로 한 역사적 풍토에서 유래되었을 것이다. 전쟁을 겪은 사람들에게 어떤 의용(義勇)의 숨결이 지역적 작풍으로 스며들었다는 얘기이다.

이 같은 풍토의 특질이 강렬하게 드러난 사건이 동학도가 대집결한 보은 취회(聚會)이다. 1893년 3월 10일부터 20여 일 동안 외속리면 장내리에 동학교도 3만여 명이 모여 수운(水雲) 최제우(崔濟愚, 1824~1864년)의 신원(伸冤)을 꾀한 동시에 보국안민(輔國安民), 제세구민(濟世救民), 척양척왜(斥洋斥倭) 같은 개혁의 기치를 높이 올

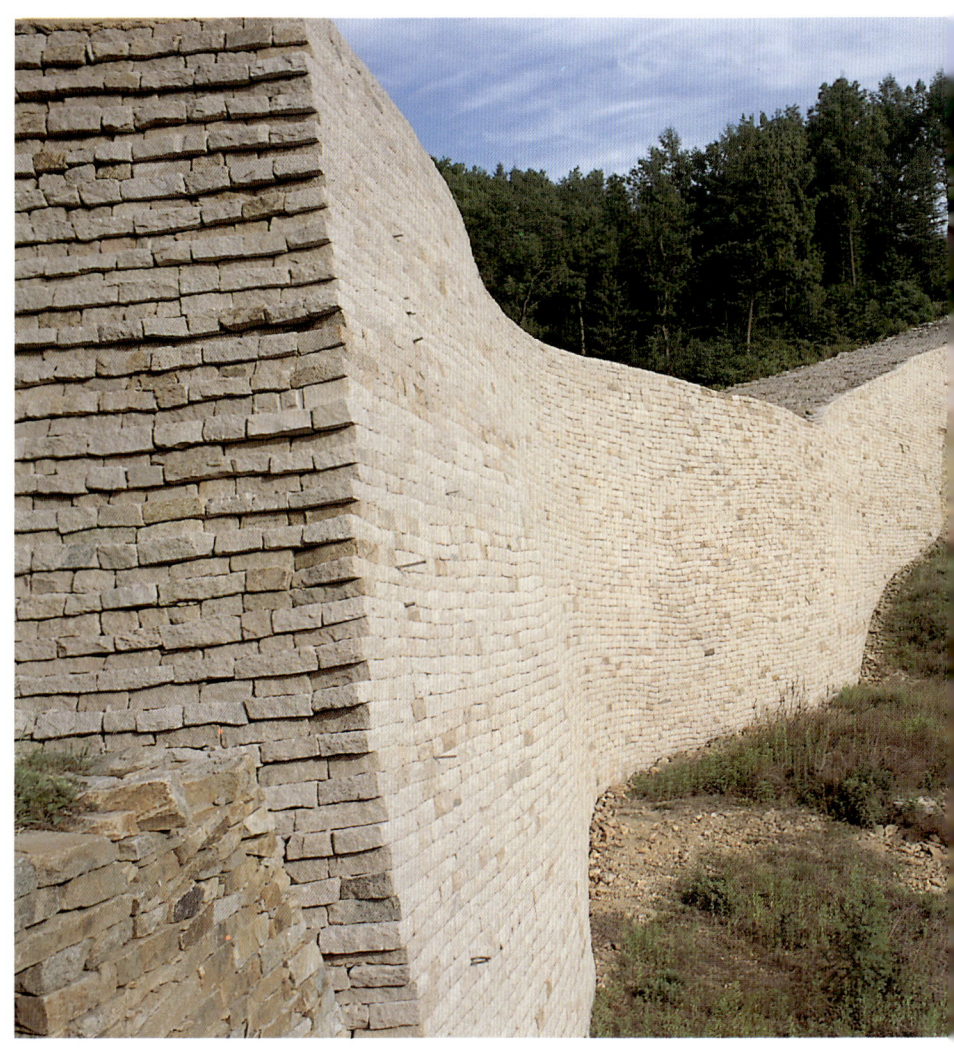

삼년산성 신라 자비왕 13년에 축조된 것으로 3년 동안 쌓았다는 이 성은 최대 높이 13미터에 폭은 5 미터에서 8미터에 이르고 길이는 13미터가 넘는 정교하고 장중한 성채이다.(위, 옆면)

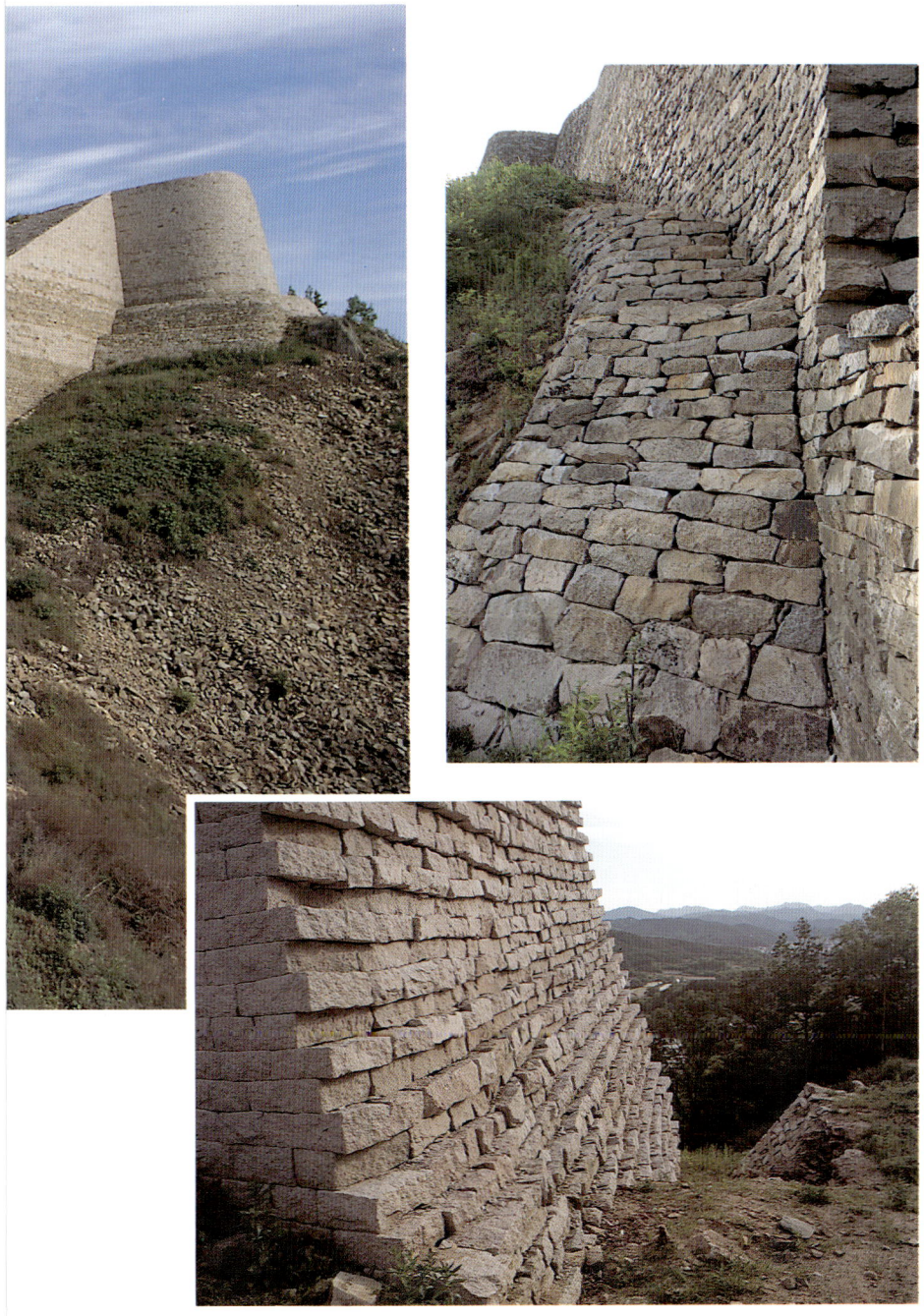

화평동에서 바라본 속리 연봉 좌로부터 묘봉, 상학봉, 매봉, 모자바위

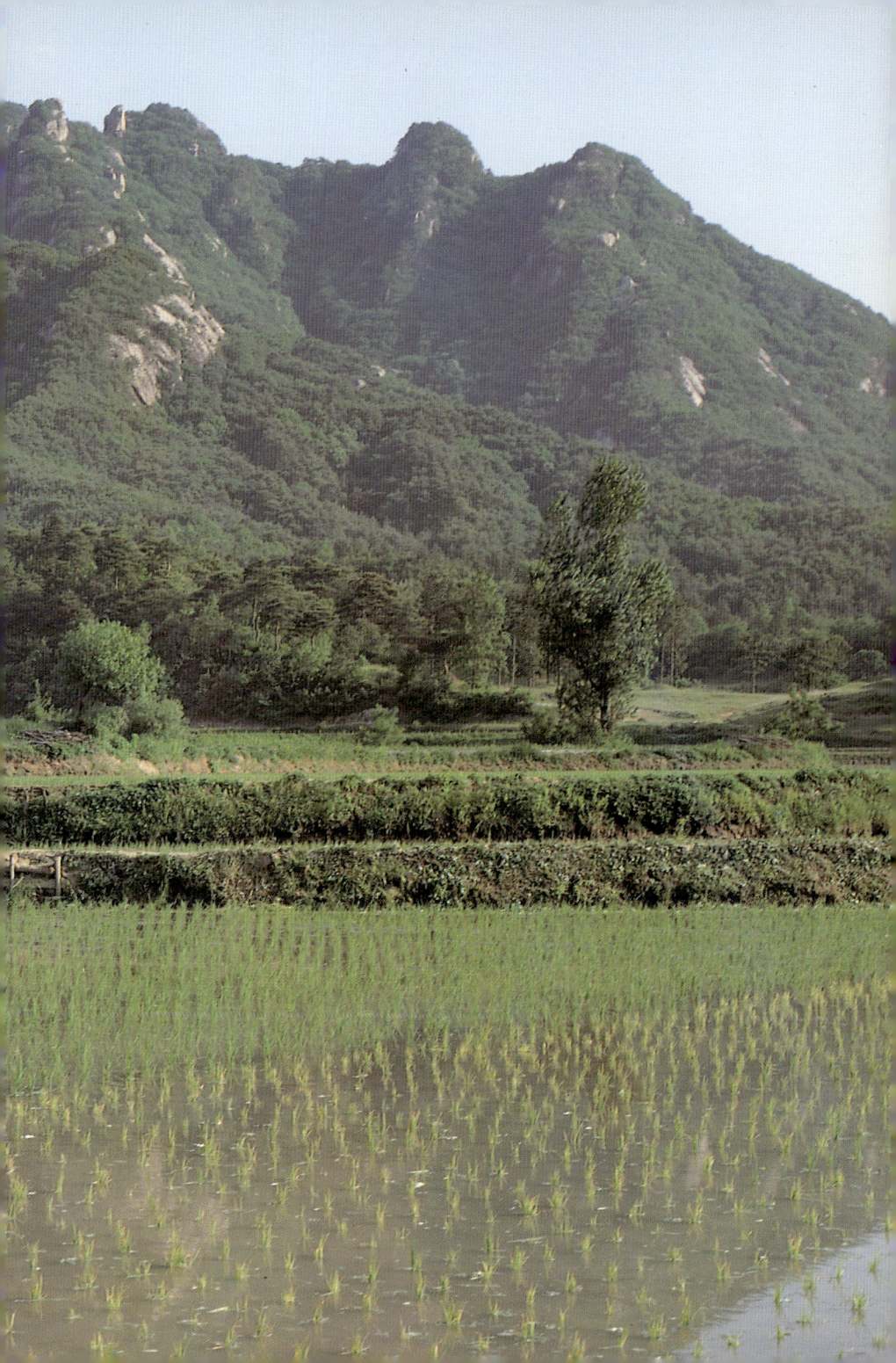

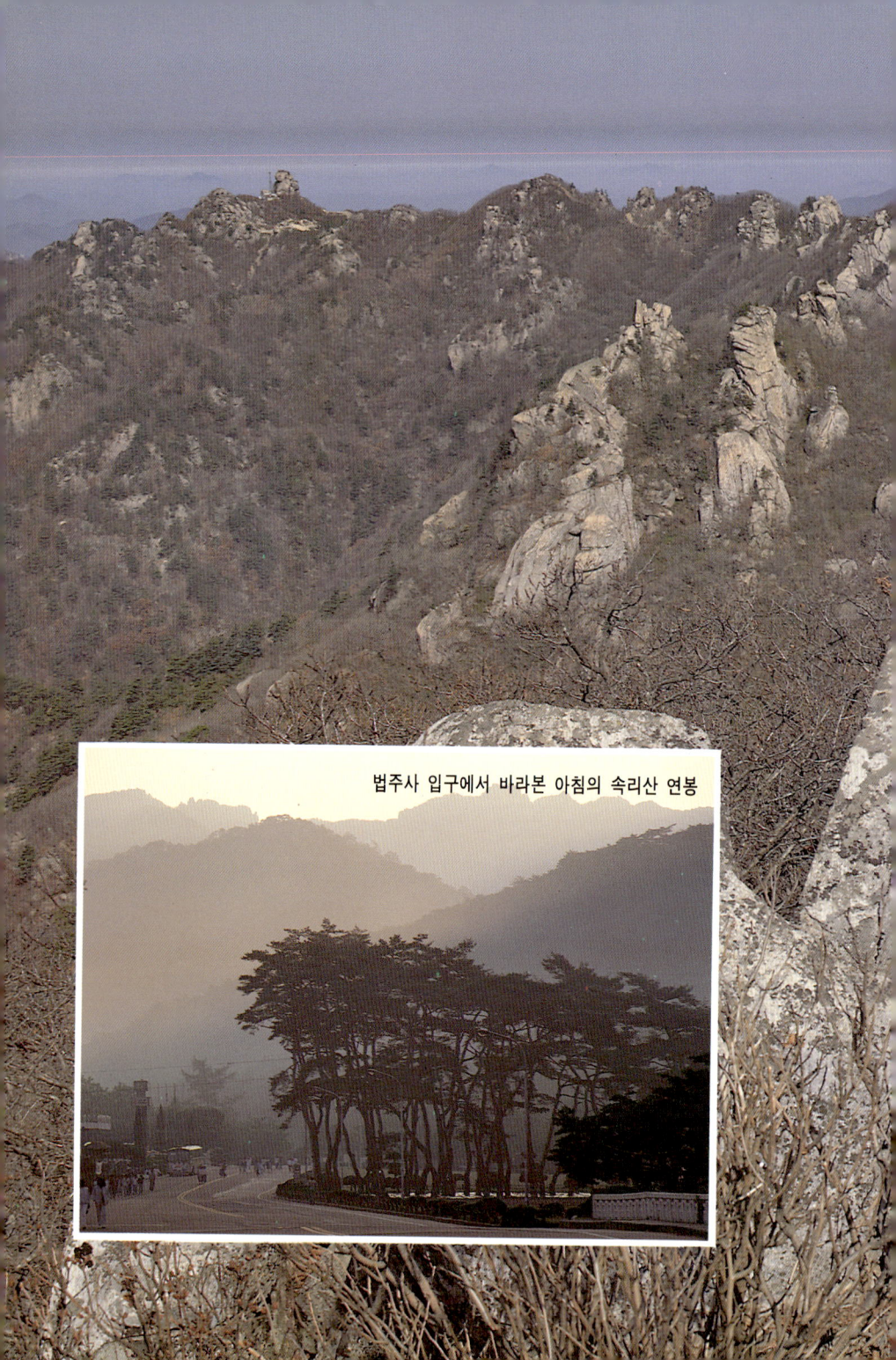

법주사 입구에서 바라본 아침의 속리산 연봉

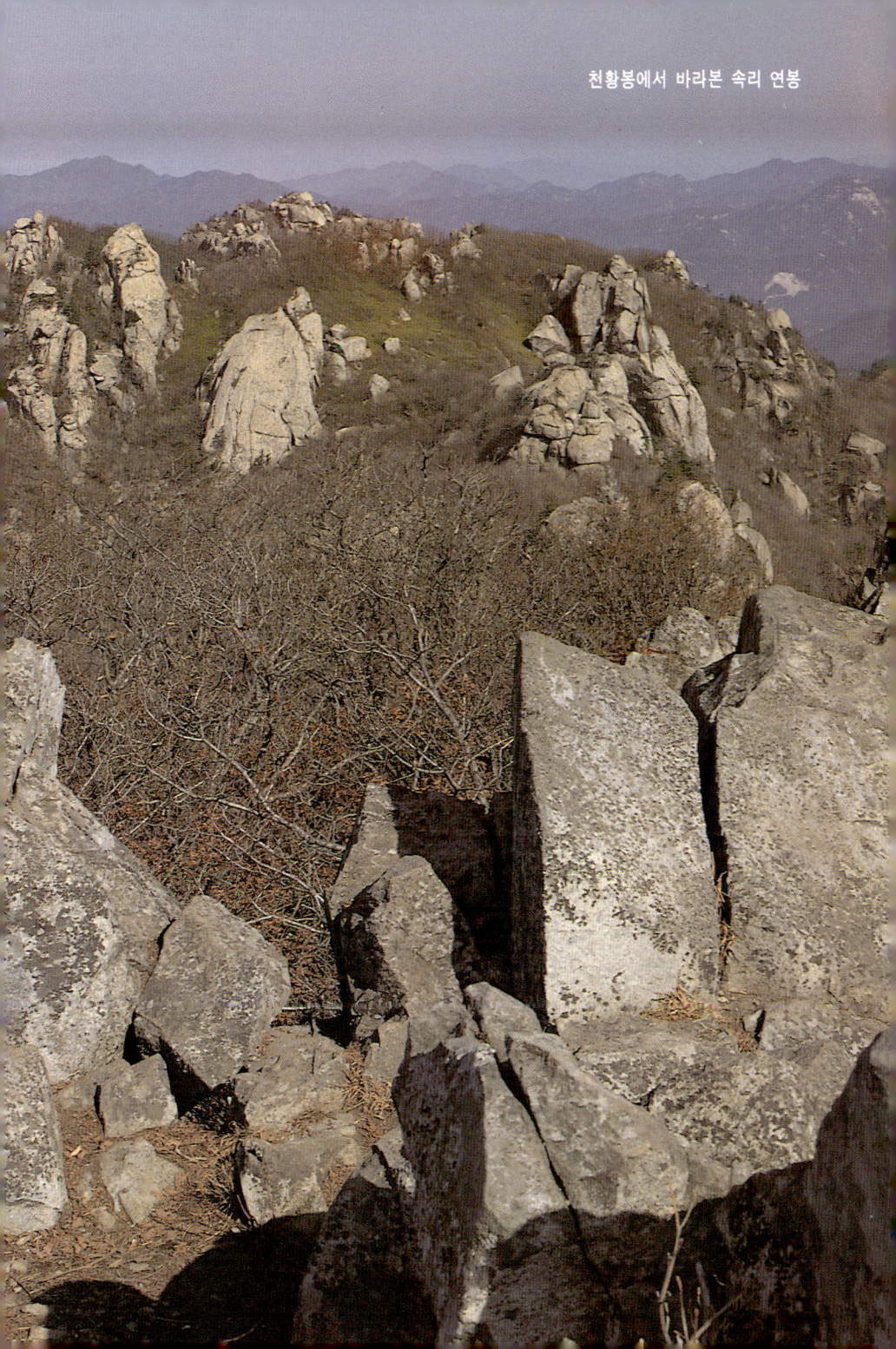

천황봉에서 바라본 속리 연봉

법주사를 출발점으로 잡는 이 코스를 따를 때 문장대까지는 약 7 킬로미터이다. 법주사 뒤편으로는 소석문과 대석문을 거쳐 속사치로 오르는 희미한 등산로가 났지만 문장대를 가기 위해서는 법주사를 왼편으로 따돌리고 이따금 암자에 가는 자동차가 먼지를 날리며

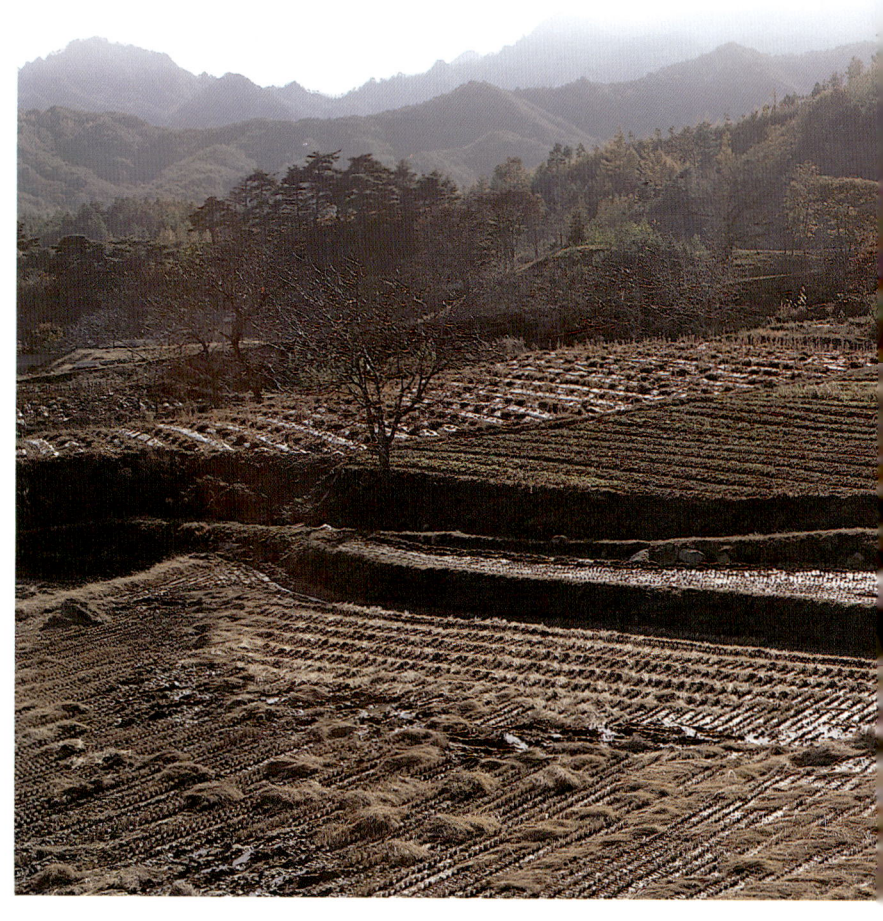

나타나는 제법 너른 등산길을 따라간다. 산골짝을 쇠울타리로 둘러 다소 딱딱한 느낌을 주는 이 길의 둘레에는 탈골암이나 세조의 목욕탕인 목욕소가 있으며 2킬로미터 지점에 본격적인 등산 기점인 세심정 휴게소가 나온다. 여기에서 왼편으로 오르는 용바위골 노선

눌재에서 바라본 속리 능선

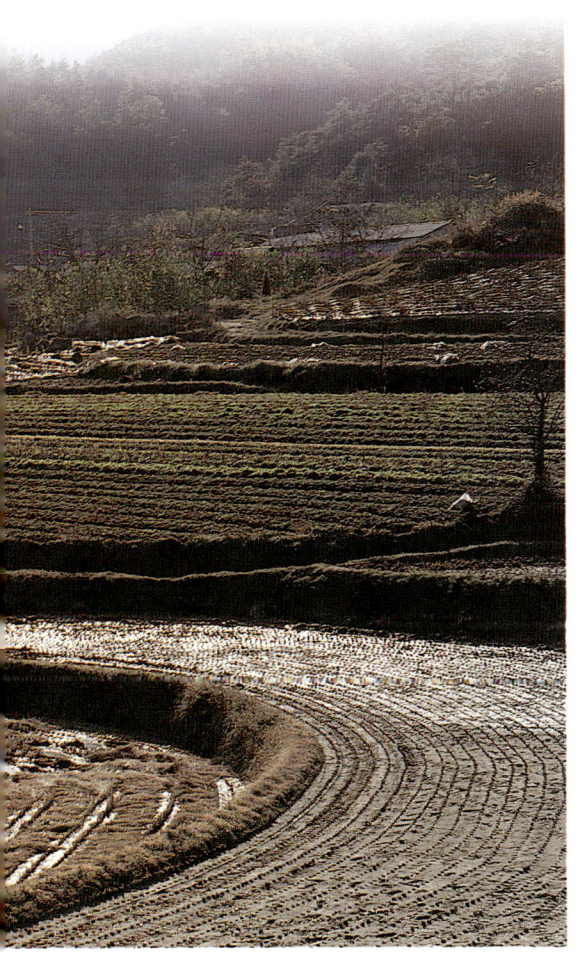

을 따른다. 500미터쯤 오르면 오른편에 복천암이 보인다. 꽉 들어찬 구조물들이 답답한 느낌을 주는 암자이지만 세조의 속리산 행적을 알리는 물증이 남은 곳이다. 커다란 암반 속에서 샘물이 솟아 '복천(福泉)'이라는 이름을 얻었는데 지금은 수도꼭지에서 물이 나온다.

복천암을 뒤로 하고 1.5킬로미터를 걸으면 할딱고개를 지나 중사자암(中獅子庵)이 나온다. 지난날에는 상사자암과 하사자암이 함께 있었으나 옛터만 남아 채마밭으로 쓰인다. 중사자암의 뜨락을 이루고 있는 장중한 바위너럭은 일품이다.

중사자암을 벗어나면 이미 계류 소리는 희미해지고 제법 땀나는 비탈길이 펼쳐진다. 한숨 돌릴 만한 지점에 어김없이 깡통 음료를 파는 휴게소가 나타난다. 꽤 시간이 걸리는 산굽이를 1시간쯤 오르면 이윽고 문장대의 헌칠한 사자머리가 나타난다. 중사자암으로부터는 1킬로미터 거리이며, 법주사를 떠난 지 서너 시간쯤이면 닿게 된다. 세상 풍경을 한눈에 담을 수 있는 문장대에서 사람들은 흔히 도시락을 먹으며 한숨 돌린다. 문장대 부근에 더덕더덕 붙은 휴게소에서 컵라면으로 허기를 때울 수도 있다.

경상북도 경계를 알리는 표석이 박힌 바위는 소문장대이다. 사람들이 하도 나대는 바람에 기름걸레로 닦은 듯 반들거리는 이 바윗부리 건너편 남서쪽 주릉으로 속리의 장엄한 바위 육체들이 도열하였다. 문장대에서 내려 이 바위 예술 속으로 들어가면 입석대와 비로봉, 혹은 천황봉을 만나게 되며, 그렇게 해서 법주사로 하산하는 순환길도 애용된다.

상주 쪽으로 빠지는 횡단길은 문장대에서 북동간으로 뚫린 하산길을 따라야 한다. 산행이 끝나는 상주 쪽 관리사무소까지는 1시간 남짓이면 족하다. 군데군데 걷기에 편한 돌계단을 깔았다. 볼거리로는 오송폭포와 견훤산성이 있다. 특히 견훤산성은 속리산의 전체 형세를 조망할 수 있는 전망대로 손색없다.

순환길

법주사 – 상환암 – 상고암 – 천황봉 – 신선대 – 문장대 – 중사자암 – 복천암 – 법주사

법주사에서 출발해 다시 법주사로 돌아오는 순환길은 사실 다양하게 구사할 수 있다. 문장대와 천황봉, 그리고 법주사를 잇는 삼각지대 안에 여러 갈래의 길들이 있으며 그것은 곧 속리산의 가장 유명한 경관들을 돌아볼 수 있는 탐승길로 쓰인다. 그중에서 충실한 산행을 꾀할 수 있는 코스는 다음과 같다.

법주사에서 나와 세심정 휴게소에 이르러 오른편으로 꺾어지는 등산길을 따른다. 20분쯤이면 조선 순조왕의 태실이 있는 태봉이 나오고 잇달아 학소대가 보이는 상환암이 나타난다. 학소대 밑에는 속리산의 옥문 격인 은폭이 숨어 있다. 은폭 계곡을 줄곧 따르면 신은폭을 경유해 천황봉에 곧장 도착하지만 찾는 이가 드물어 등산길이 뒤엉겼다. 이 길목에는 목 잘린 석상 같은 방치된 유물들이 덤불 속에서 뒹군다.

상환암의 왼편으로 이어지는 등산로를 따르면 속리산에서 가장 높은 곳에 위치한 상고암(上庫庵)이 나온다. 비로봉 바로 아랫자락에 위치한 상고암은 규모 있는 암자로 산꼭대기 절집이 특유한 분위기가 배어 나온다. 과거에는 중고·하고암도 있었다고 하는데 법주사 중창 때의 자재 창고로 쓰였다는 속설이 전한다. 상고암에서 곧장 비로봉을 쉽게 오를 수도 있지만 오른편으로 휘어지는 등산로를 따라 속리의 최고봉 천황봉에 오르는 게 제격이다. 최고봉이면서

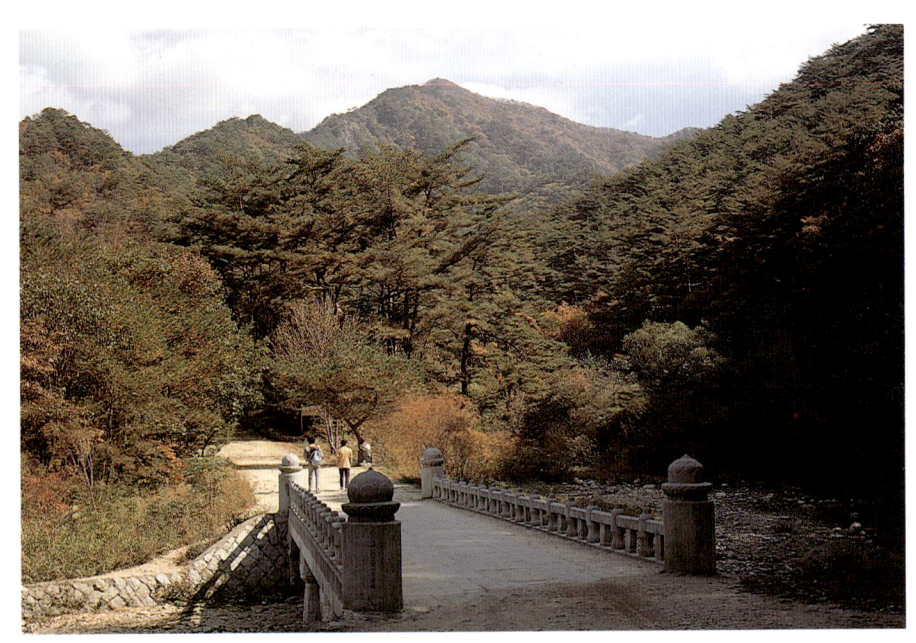

법주사에서 바라본 천황봉

도 주릉의 중앙부를 점거한 문장대의 빼어난 전망에 눌려 일쑤 괄
시받는 봉우리이다. 그러나 옛사람들의 천신제가 이곳에서 이루어
졌듯 천황봉은 하늘 떠받친 우뚝한 기세 그대로 속리산의 판세를
송두리째 거머쥐었다. 모든 산들이 천황봉에서 모이고 천황봉에서
다시 흩어지는 것이다.

천황봉에서 바로 상주땅 고고리로 하산하는 등산로가 있지만 짙
푸른 수목에 묻혀 찾는 이가 거의 없다. 그래 천황봉을 오른 발걸음
은 40분쯤 걸리는 비로봉을 향하게 마련이다. 상당히 주의를 기울여
통과해야 할 비로봉 일대의 암봉들을 지나면 임경업이 일으켜 세웠
다는 입석대가 나타난다. 문장대에 닿기 위해서는 입석대를 지나 신
선대를 통과해야 한다. 신선대께에서 바로 하산하면 임경업이 마셨
다는 장군수와 경업대가 있는 기묘한 형세의 관음암을 거쳐 가는

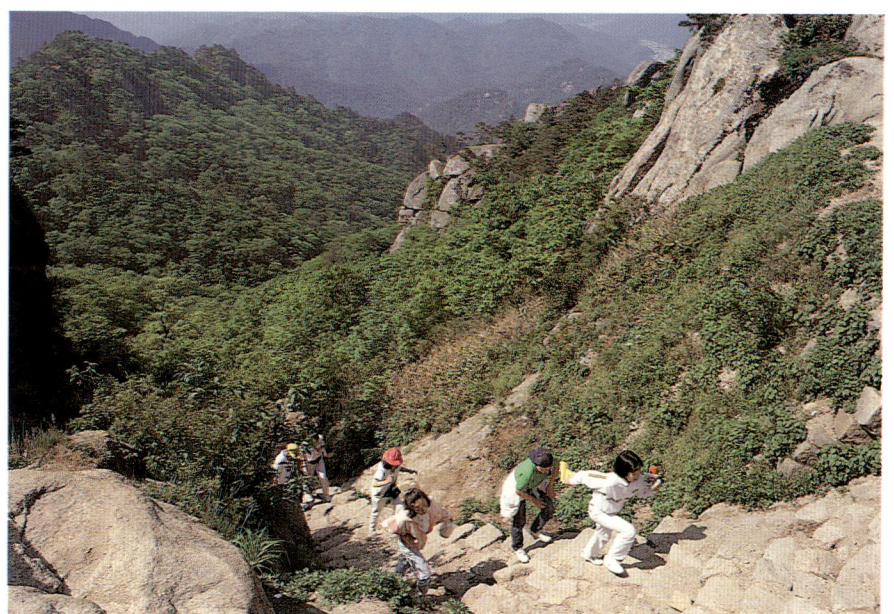

문장대를 오르는 등산객들

금강골로 빠진다.

　신선대에서 문장대까지는 걷기에 쾌적한 평탄한 바윗길이 계속되
는데 1.3킬로미터에 30분쯤이 걸릴 뿐이다. 문장대에서 냉천골과 용
바위골을 거쳐 법주사로 귀환하는 데에는 1시간 40분이면 충분하다.
결국 천황봉을 올라 문장대를 거쳐 법주사에서 마감되는 이 순환길
은 6시간 정도 걸리고 거리는 14킬로미터에 이른다.

　종주길

　산외면 신정리 – 묘봉 – 북가치 – 속사치 – 관음봉 – 문장대 – 신선
대 – 천황봉 – 상환암 – 법주사

　해발 800미터 이상의 멧부리로 연결되는 속리 주릉을 훑는 이 종
주(從走)길은 가벼운 산행이 아니다. 제대로 된 등산길에서 벗어나

지 않는다면 10시간 정도에 산행을 마칠 수 있지만 중도에서 해 떨어지는 것을 감상하는 경우가 생기기도 한다.

들머리는 속리산 서쪽 끝자락인 산외면 신정리이다. 청주나들의 집단 시설 지구에서 민판동을 거쳐 여적암까지 차를 탄 뒤 거기서 북가치골을 오를 수도 있다. 산정리에서 출발하며 873미터의 묘봉을 거쳐 북가치에 이르며, 여적암에서는 비교적 완만한 비탈길을 1시간 반 정도 타고 올라 북가치에 닿는다. 북가치는 동서로 관음봉과 묘

신선대 능선 위로 신선처럼 흘러가는 구름들

봉을 잇고 남북으로는 보은 민판동과 상주 운흥을 연결한다.

북가치에서 북서쪽으로는 불도저로 깔아뭉갠 산 아래의 벌판이 꼴사나운데 그것이 말도 많고 소문도 많은 용화 온천 지구이다. 북가치에서 982미터의 관음봉까지는 2시간 이상이 걸린다. 관음봉을 미처 못 미친 산마루는 속사치이다. 이곳에는 지난날 법주사와 화북의 대흥동을 잇는 마찻길까지 닦였다지만 흔적조차 남지 않았다. 뿐더러 이곳 일대에는 사람의 발길이 좀체 닿지 않은 나머지 무척 으

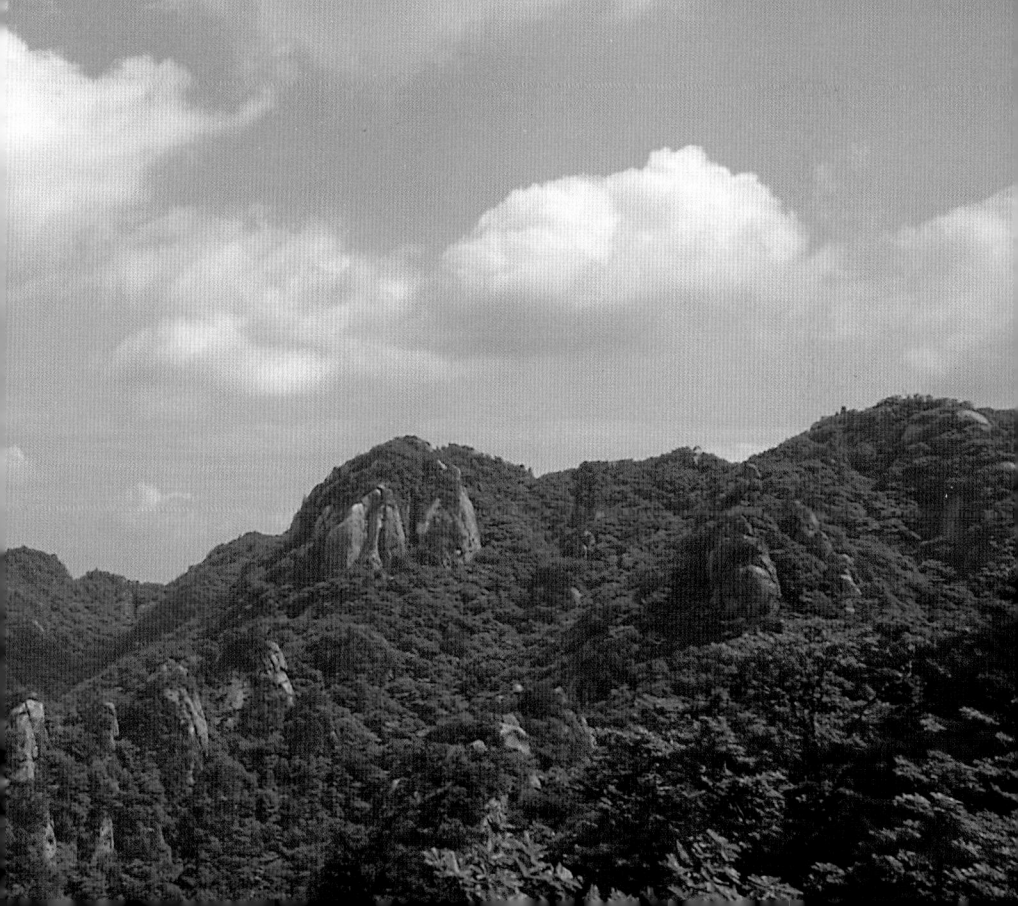

승하게 수목이 우거졌다. 속사치에서 관음봉을 통과해 문장대로 가는 등산로가 상당히 까다로운 이유가 여기에 있다. 제 길을 알리는 표지조차 드물다. 따라서 키를 넘는 조리대 속에서 길을 잃고 헤매기 십상이다. 세심한 주의를 기울여야 하는 관음봉에서 문장대에 이르는 등산길은 능란한 산꾼도 1시간 이상을 소모해야 한다. 속리산의 깊은 맛을 알게 하는 이 구간을 거쳐 이윽고 문장대에 이르면 그 다음의 천황봉 가는 능선길과 천황봉에서 법주사로 하산하는 내리막길은 일사천리로 진행된다. 남사면을 타고 윗대목을 지나 내속리면 대목리에 이를 수도 있지만 오래 된 등산길이라 진입이 곤란하다. 이 길목에는 이따금 자연탐사대가 찾아든다.

바윗길

속리산은 바위로 만원을 이룬 산이다. 그러나 이 산에서 바위에 매달린 사람은 거의 보이지 않는다. 입석대에 피톤이 박혀 있기는 하지만 대체로 속리산의 바위 코스는 전혀 개발되지 않았다. 하지만 장대한 규모의 화강암 일색이어서 개척의 가능성은 무한하다. 현재 유일하게 바위꾼이 모이는 장소는 화북면 운흥 1리를 들머리로 하는 묘봉의 우측 자락에 흘러내린 치마바위이다. 멀리서 보면 모자처럼 생겨 모자바위로도 불린다. 이 바위의 치마자락 높이는 100미터에 이른다. 푸석바위가 거의 없어 홀드(손잡이)와 스탠스(발디딤)가 안정적이라는 평판이 났다. 치마바위를 개발한 사람들은 충북대 산악부원들인데 현재 아는 이가 거의 드물어 그들의 전용 암장처럼 이용된다. 치마바위 동면에 황소, 울림, 사기꾼, 퉤퉤라는 이름의 네 코스가 개척되었다.

속리산의 뜻

  속리산을 오르면 문득 의문에 사로잡힌다. 속리산을 빚은 신의 벽돌공은 누구였을까. 그것은 속리 육체의 오묘한 미테에 도취한 감상적인 궁금증만은 아니다. 삶의 신랄할 체험을 통과한 사람이 새삼스레 삶의 의미를 되새겨 보듯이 속리산에 이르러 비로소 산의 생명력을 반추하게 되는 것이다.

  속리산은 그렇게 쌩쌩하게 살아 있다. 자연이 죽어 가고 있다는 말의 반대되는 의미로서 속리산이 살아 있다는 게 아니고, 말하자면 사람이 살아 있듯 이 산 역시 뚜렷한 생명 현상을 누린다는 것이다. 숲을 흔들며 지나는 바람 소리조차 이 산이 연주하는 성스러운 생명의 음악과 다름없다. 생명 아닌 것은 이 산에 오래 머물 자격을 부여받지 못한다 죽은 나무가 썩어 뭉드러지고 이윽고 그 자리에 새로운 수목이 솟아나듯 속리산에는 생명의 대결이 있을 뿐이다. 태초 이래 생명의 의무는 곧 이 산의 소임이 되었다. 그래 생명 현상은 너무도 자연스러운 것이다. 그것이 속리산의 자연이다.

  산이 있다 함은 곧 생명이 있다는 의미라는 사실을 속리산은 영

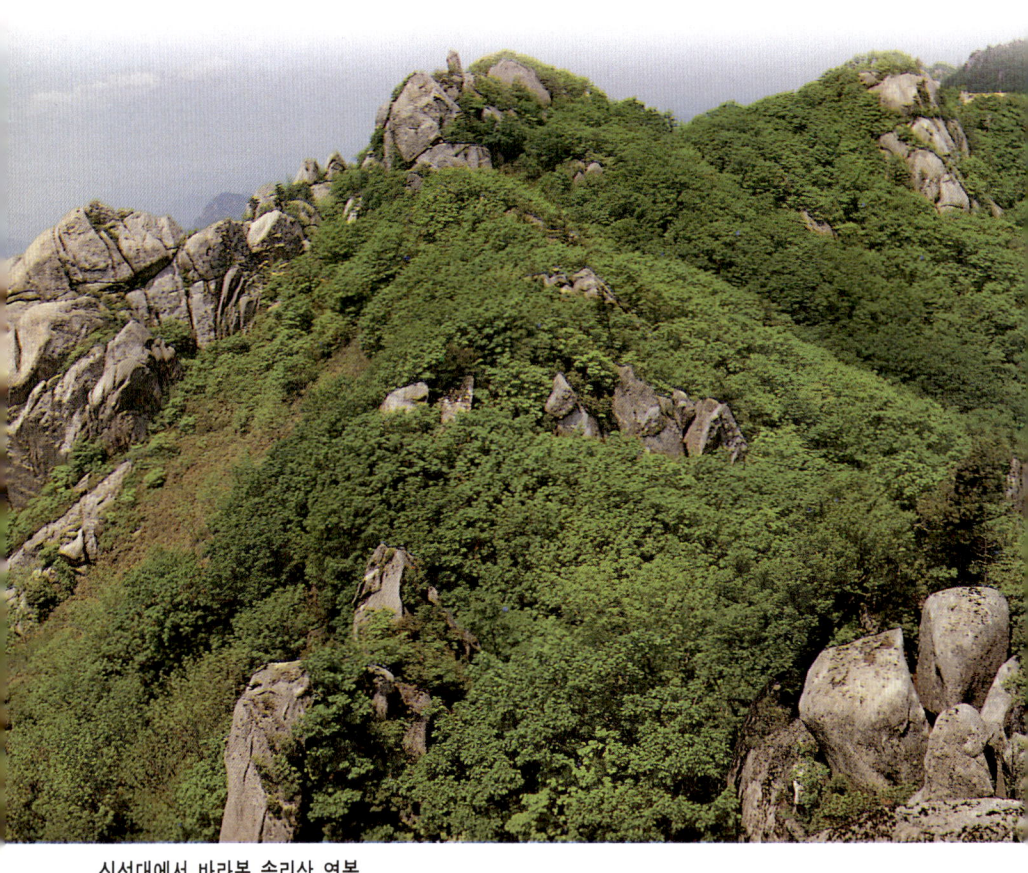

신선대에서 바라본 속리산 연봉

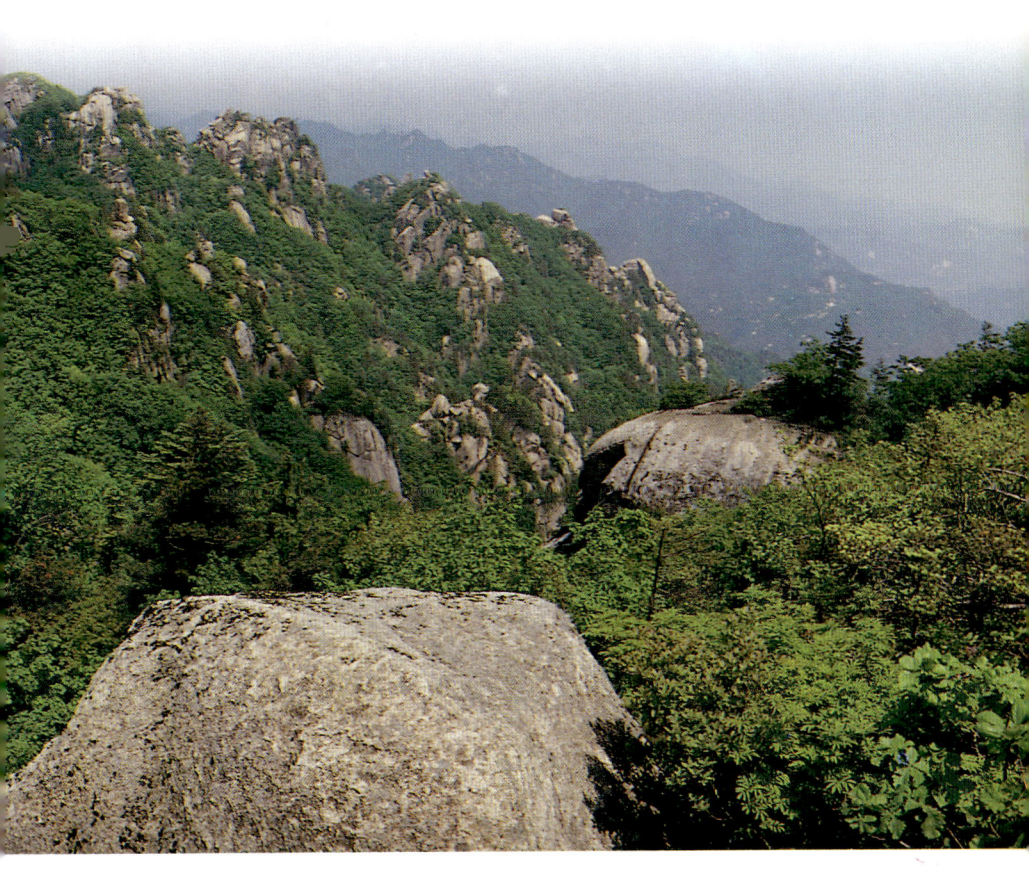

감처럼 깨우쳐 준다. 다시 말해 속리산은 모든 살아 있는 것들이 향유하는 거친 숨결에 휩싸였다. 이것은 과장이 아니다. 비록 걸어다니지는 못할망정 무심한 바윗덩이조차 억겁의 세월을 견뎌 낸 무서운 생명력으로 응집되어 있다. 악랄한 종족들이 이 땅의 맥을 끊는답시고 속리산의 바위 뿌리에 쇠말뚝을 박은 사실은 속리산이 맹렬한 생명의 도가니임을 역설적으로 증명한다.

나무, 꽃, 새, 산짐승……. 속리산이 기르는 모든 생명들은 생명이 생명을 낳는다는 준열한 이법을 암시한다. 속리산은 큰 생명으로써 또 다른 작은 생명들의 모태가 된다. 이 장엄한 생명의 리듬 안에서 배출된 가장 이색적인 생명체는 아무래도 인간일 것이다. 사람은 바다, 강, 들 그리고 산자락에서 살아 왔고 거기서 태어났다.

속리산 근방에 정든 삶의 둥지를 마련한 사람들에겐 속리산이 믿음직한 삶의 모태이다. 속리산이라는 삶의 바다가 있기에 속리산의 사람살이가 지속된 것이다. 속리산의 아름다운 형세는 차라리 화려한 장식에 불과할지 모른다. 불모지의 극단적인 반대어로서, 그렇게 거대한 생명으로서 속리산은 존재한다. 그 생명의 그릇은 하도 넓어서 차라리 추상적이다.

사람들은 산꼭대기에 올라 '정복'이라는 단어를 곧잘 쓰지만 그것은 터무니없다. 산이 바라보기에 인간처럼 왜소한 존재가 또 있을까. 수억 년의 생성 역사를 지니는 속리산의 입장에서 보자면 인간이란 언제부턴가 갑자기 나타난 특이한 생명체에 불과한 것일지도 모른다. 생명의 길이, 역사의 크기를 도저히 견줄 수 없기 때문이다. 사람보다 크고 너른 생명의 덩어리, 그것이 바로 속리산의 메시지이며 사람이 겸허해야 할 이유이다.

그렇다면 사람들은 속리산이 갖춘 생명의 질서에 진실하게 부응

하는가. 뭇 산들이 사람들의 개발 전략에 의해 무참하게 타살되고 있다는 보고가 끊이질 않지만 속리산에서도 역시 경계할 것은 사람들의 개발 욕구이다.

속리산을 통째 관광 자원으로 구워 먹으려는 욕망들이 각축하기 때문이다. 왈가왈부 말도 많더니 드디어 충북과 경북의 세력 싸움으로 번진 용화(龍華) 지구의 온천 개발 계획은 우리 시대의 극렬한 관광산업 지상주의를 뚜렷이 대변하면서 속리산의 위협이 되고 있다. 일단 온천이 열리면 덩달아 개발의 돌개바람이 본격적으로 불어닥칠 것으로 예상되기 때문이다. 놀러 다니는 관광객들은 좀더 흥미롭고 좀더 짜릿한 위락 시설을 기대하고, 한편 속리산 주민들은 경제의 약진을 꿈꾸고, 관청은 청사진을 만들어 낸다.

어차피 속리산은 사람의 산이다. 속리산이 기꺼이 사람을 살리는 산인 것은 그것이 사람의 산이기 때문이다. 그래 속리산을 통한 휴식과 쾌락과 재화를 획득하는 일은 얼마든지 정당하다. 그러나 속리산은 사람의 산이되 사람만의 산은 아니다. 그것은 소나무와 다람쥐와 딱따구리의 산이며, 거창하게는 신령의 산이다.

또한 속리산은 역사의 산이며 미래의 산이다. 이 산에 그토록 무진장한 생명력이 진동하는 것은 나눠야 할 생명의 몫들이 그만큼 많은 탓인지도 모른다. 과거에도 그랬듯 속리산은 영원한 미래에도 생명을 기르고 생명을 나눌 그런 막중한 소임을 점지받은 것이다. 보존이냐 개발이냐를 초월한, 속리산을 참스런 생명의 늘판으로 가늠해야 할 엄연한 이유가 바로 여기 있다.

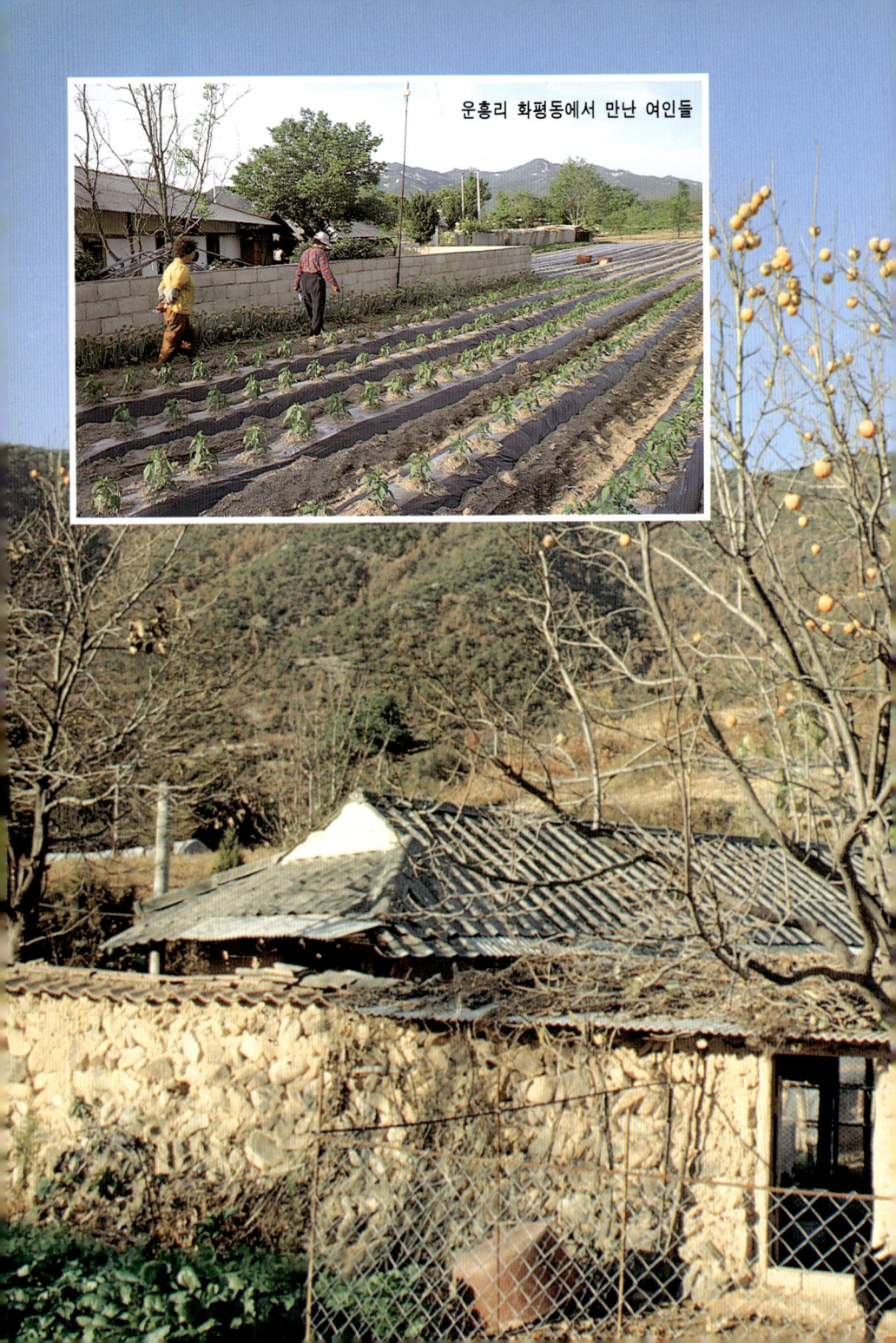

운흥리 화평동에서 만난 여인들

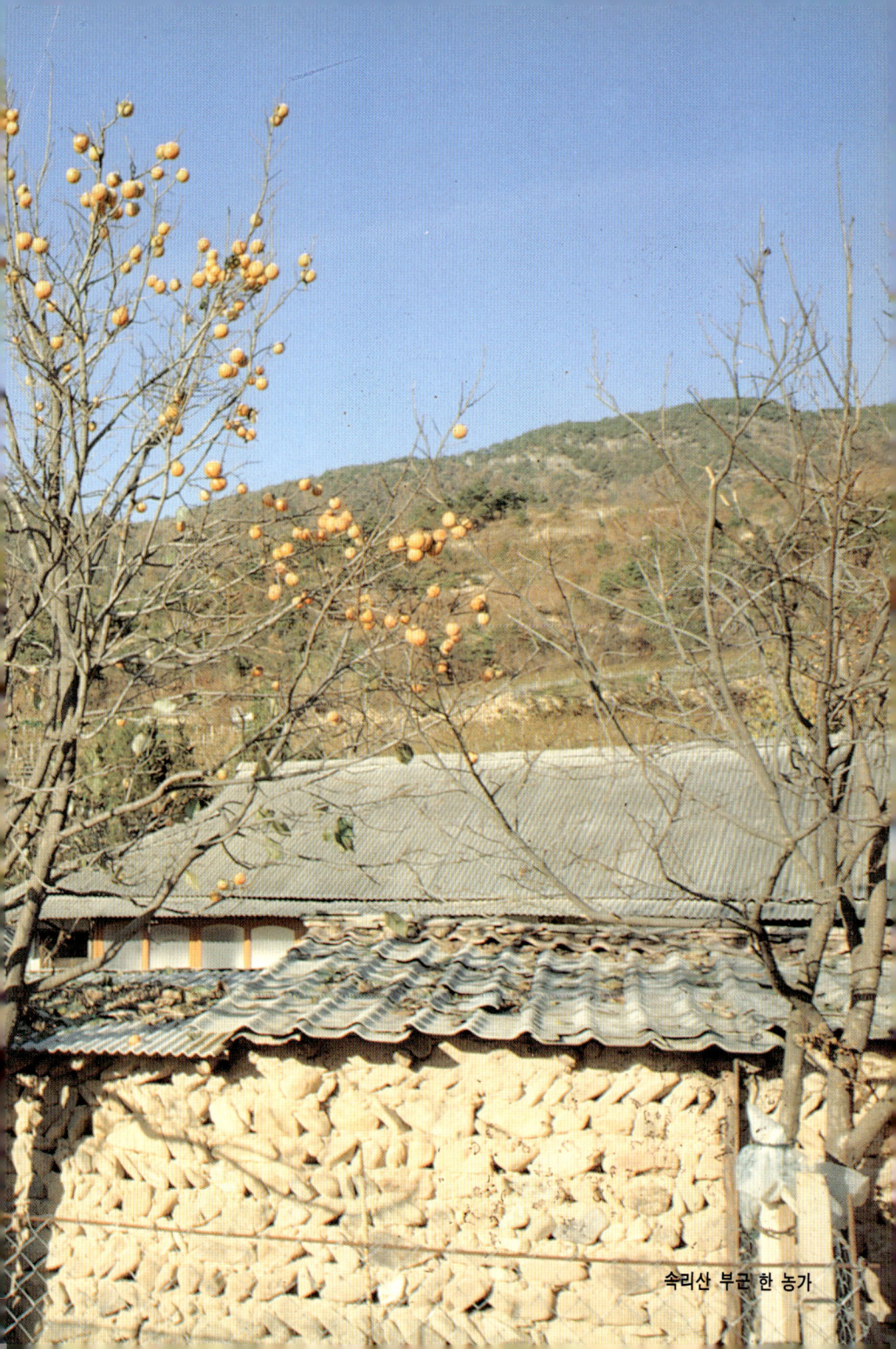

속리산 부근 한 농가

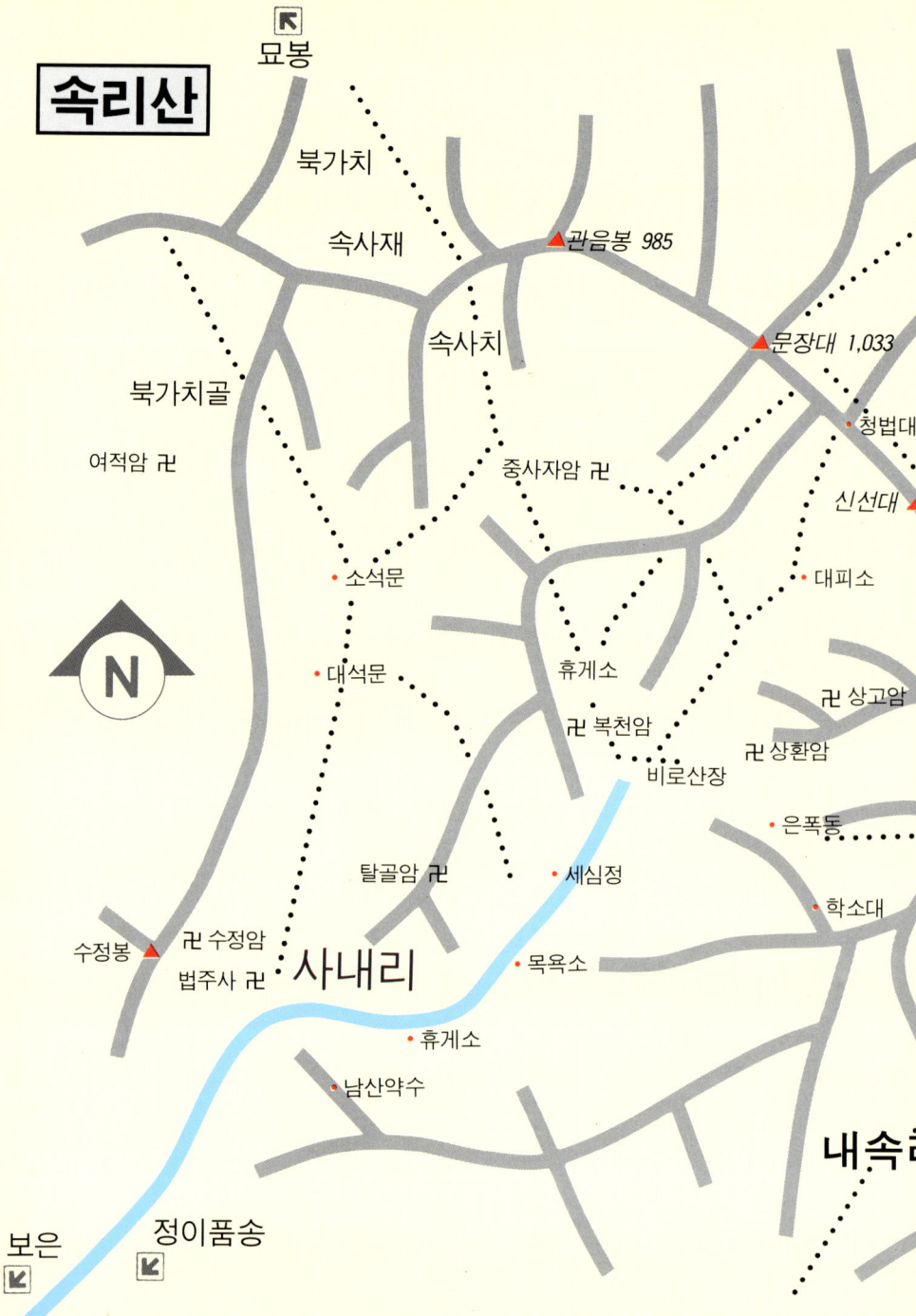

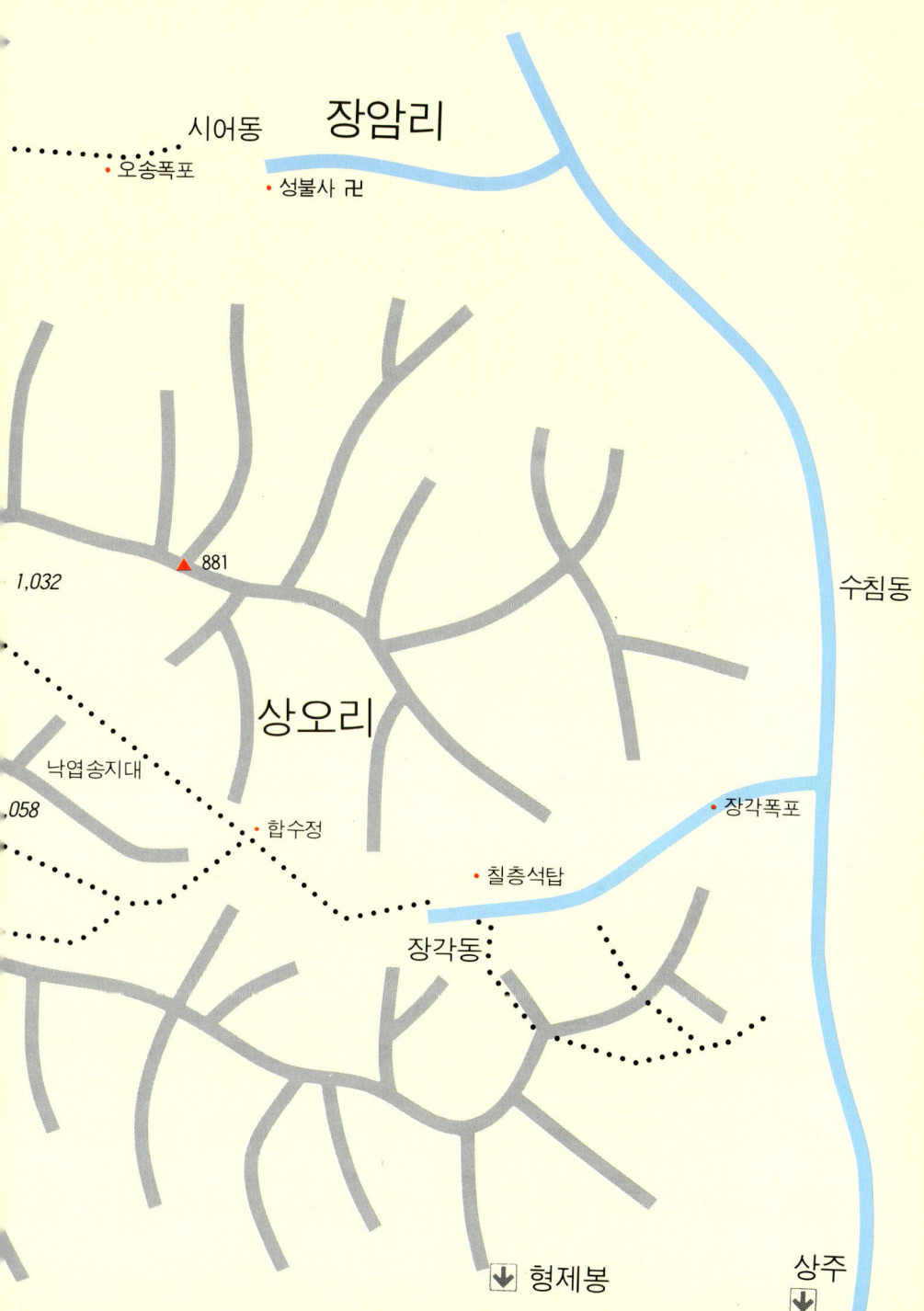

시어동 **장암리**

• 오송폭포 • 성불사 권

▲ 881

1,032

상오리

낙엽송지대

058

• 합수정 • 칠층석탑 • 장각폭포

수침동

장각동

⬇ 형제봉   상주 ⬇

빛깔있는 책들 301-19

속리산

글	―박원식
사진	―김상훈

발행인	―장세우
발행처	―주식회사 대원사

편집	―이상은, 최명지, 김수영
미술	―손승현, 이영주
기획	―조은정
총무	―정만성, 정광진, 우복희
영업	―이상갑, 조용균, 강성철, 박은식, 홍의식, 이수일
이사	―이명훈

첫판 1쇄 ―1995년 8월 10일 발행
첫판 3쇄 ―2002년 10월 30일 발행

주식회사 대원사
우편번호/140-901
서울 용산구 후암동 358-17
전화번호/(02) 757-6717~9
팩시밀리/(02) 775-8043
등록번호/제 3-191호
http://www.daewonsa.co.kr

잘못된 책은 책방에서 바꿔 드립니다.

(쀼) 값 13,000원

Daewonsa Publishing Co., Ltd.
Printed in Korea(1995)

ISBN 89-369-0173-7 00980

빛깔있는 책들